Said Aissaoui
Abdenacer Makhlouf

Classification des super-algèbres de Hopf en dimension finie

Said Aissaoui
Abdenacer Makhlouf

Classification des super-algèbres de Hopf en dimension finie

Super- algèbres de Hopf

Presses Académiques Francophones

Imprint
Any brand names and product names mentioned in this book are subject to trademark, brand or patent protection and are trademarks or registered trademarks of their respective holders. The use of brand names, product names, common names, trade names, product descriptions etc. even without a particular marking in this work is in no way to be construed to mean that such names may be regarded as unrestricted in respect of trademark and brand protection legislation and could thus be used by anyone.

Cover image: www.ingimage.com

Publisher:
Presses Académiques Francophones
is a trademark of
International Book Market Service Ltd., member of OmniScriptum Publishing Group
17 Meldrum Street, Beau Bassin 71504, Mauritius

Printed at: see last page
ISBN: 978-3-8381-7921-6

Copyright © Said Aissaoui, Abdenacer Makhlouf
Copyright © 2015 International Book Market Service Ltd., member of OmniScriptum Publishing Group
All rights reserved. Beau Bassin 2015

A la mémoire de mon père
A ma mère
A ma femme Samia
et mes deux filles Nessma et Lilia.

Remerciements

Je tiens à remercier mes directeurs de thèse, Monsieur DAHMANI Abdelnasser de m'avoir incité à m'inscrire en thèse et de me chercher un sujet de recherche, et Monsieur MAKHLOUF Abdenacer d'avoir accepté de me proposer le sujet sur les super-algèbres de Hopf, un domaine très intéressant, de m'avoir encadré, de m'avoir guidé et encouragé dans ce travail, pour les connaissances scientifiques et les conseils qu'il m'a apportés.

Je ne les remercie jamais assez pour leurs grandes valeurs humaines dont ils ont fait preuve tout au long de ces années, leurs gentillesses, leurs disponibilités et leurs générosités m'ont beaucoup touchées. Grâce à eux j'ai beaucoup appris.

Je remercie également notre ministère de l'enseignement supérieur et de la recherche scientifique pour le détachement de 18 mois qu'il m'a accordé afin de finaliser cette thèse.

Plus de la moitié de ce travail est fait au laboratoire LMIA de l'université de Haute Alsace, je tiens à remercier à travers Monsieur Makhlouf, tous les membres du Laboratoire, le directeur Augustin FRUCHARD et la secrétaire Liliane FRICKER de m'avoir bien accueilli et d'avoir mis à ma disposition tous les moyens du Laboratoire.

Je remercie également Monsieur Ahmed BOUDA Professeur à l'université de Béjaia, pour l'intérêt qu'il a porté à ce travail et pour avoir accepté sans hésitation la présidence du jury.

Je tiens à remercier les membres du jury, Mohand ouamar HERNANE professeur à USTHB, Yinhuo ZHANG professeur à l'université de Hasselt et Blas TORRECILLAS JOVER Professeur à l'université d'Almeria, pour avoir lu attentivement mon manuscrit et pour y avoir apporté leurs corrections.

Je remercie aussi tous mes ami(e)s, mes collègues qui m'ont soutenu et aidé durant ce long parcours.

Table des matières

1 Généralités — **9**
- 1.1 Super-espace et morphismes de super-espaces 9
- 1.2 Super-algèbres 10
- 1.3 Super-coalgèbres 12
  - 1.3.1 Dualité 14
- 1.4 Super-bialgèbres et Super-algèbres de Hopf 17

2 Structure des super-bialgèbres et des super-algèbres de Hopf — **23**
- 2.1 Super-bialgèbres triviales 23
  - 2.1.1 Résultats fondamentaux 23
  - 2.1.2 Classification 24
- 2.2 Super-bialgèbres connexes 29
- 2.3 Variété algébrique des super-bialgèbres et des super-algèbres de Hopf . . 31
  - 2.3.1 Groupe d'automorphismes 34

3 Classification des super-bialgèbres et des super-algèbres de Hopf en dimension 2 et 3 — **37**
- 3.1 Classification des super-bialgèbres et des super-algèbres de Hopf de dimension 2 37
- 3.2 Classification des super-bialgèbres et des super-algèbres de Hopf de dimension 3 38
  - 3.2.1 Super-algèbres 38
  - 3.2.2 Groupe d'automorphismes de super-algèbres de dimension 3 . . 40
  - 3.2.3 Super-bialgèbres et super-algèbres de Hopf 41
  - 3.2.4 Groupe d'automorphismes de super-bialgèbres de dimension 3 . . 44

4 Classification de super-bialgèbres et de super-algèbres de Hopf de dimension 4 **45**
    4.0.5 Algèbre de dimension 4 45
    4.0.6 Super-algèbres de dimension 4 où $\dim(A_0) = 3$ 46
    4.0.7 Super-bialgèbres et super-algèbre de Hopf avec $\dim(A_0) = 3$ . . 50
    4.0.8 Super-algèbres de dimension 4 où $\dim(A_0) = 2$ 56
    4.0.9 Super-bialgèbres et super-algèbres de Hopf de dimension 4 où $\dim(A_0) = 2$ 60

5 Structure de super-bialgèbres quasitriangulaires et de super-algèbres de Hopf quasitriangulaires **67**
    5.1 Classification des super-bialgèbres quasitriangulaires 68
        5.1.1 Classification des super-bialgèbres quasitriangulaires de dimension 2 68
        5.1.2 Classification des super-bialgèbres et super-algèbres de Hopf quasitriangulaires de dimension 3 68
        5.1.3 Classification des super-bialgèbres quasitriangulaires de dimension 4 68
        5.1.4 Super-bialgèbres quasitriangulaires et super-algèbre de Hopf quasitriangulaires avec $\dim(A_0) = 3$ 69
        5.1.5 Super-bialgèbres quasitriangulaires et super-algèbres de Hopf quasitriangulaires de dimension 4 où $\dim(A_0) = 2$ 72

6 Super-bialgèbres twistées **75**
    6.1 Structures de supermodules 75
        6.1.1 Supermodules 75
    6.2 Definitions et Exemples de super-bialgèbres twistées 78
        6.2.1 Exemple d'application 80
        6.2.2 Formule de déformation universelle 86

7 Annexe **89**
    7.1 Classification des super-bialgèbres triviales 89
        7.1.1 Classification des super-bialgèbres triviales en dimension 2 89
        7.1.2 Classification des super-bialgèbres triviales en dimension 3 90
    7.2 Algorithmes de calcul de super-bialgèbres et de super-algèbres de Hopf . 92

Introduction

Les algèbres de Hopf sont apparues naturellement en physique. La construction et l'étude des systèmes intégrables quantiques sont basés essentiellement sur la méthode de diffusion inverse quantique (QISM, Quantum inverse scattering method). Cette méthode développée par L.D. Fadeev et ses collaborateurs a conduit à l'émergence des groupes quantiques en mathématiques. Cette structure Mathématique est liée aux algèbres de Hopf. Elle a été développée par Drinfel'd dans les année 80/90. Depuis, il s'en est suivi un très grand nombre de travaux et de publications sur ce sujet. La définition d'une algèbre de Hopf ou encore d'un groupe quantique nécessite, en plus de la multiplication de l'algèbre et de l'unité, une deuxième opération appelée comultiplication, qui est "le dual" de la multiplication ainsi qu'une counité et une antipode. Un groupe quantique est une algèbre de Hopf munie d'une R-matrice ou d'une structure de quasi-triangulaire. Une R-matrice est une solution de l'équation de Yang-Baxter.

Les structures graduées joue un très grand rôle en physique. Cela permet d'exprimer par exemple la super-symétrie. On s'intéresse dans ce travail aux structures de bialgèbre et algèbre de Hopf dans le cas gradué, ie $\mathbb{Z}/2\mathbb{Z}$-gradués ($A = A_0 \oplus A_1$). On étudie et classifie les super-bialgèbres et super-algèbres de Hopf. Majid a montré que la théorie des super-algèbres de Lie et les super-algèbres de Hopf peuvent être réduites aux cas classiques en utilisant le procédé de bosonisation par $\mathbb{KZ}/2$ [30]. Récemment, certaines classes de super-algèbres de Hopf ont été étudiées notamment les super-algèbres de Hopf pointées et les super-algèbres de Hopf triangulaires [3, 5, 21]. En revanche, très peu de choses sont connues sur la généralisation des classifications de super-bialgèbres et de super-algèbres de Hopf. Néamoins la classification des algèbres de Hopf en dimension finie est connues pour les petites dimensions et la structure étudiée de façon approfondie, voir par exemple [2, 3, 4, 8, 16, 17, 35, 38, 40, 42, 44, 46, 47].

Dans cette thèse, divisée en six chapitres, nous discutons les propriétés et la structure des super-bialgèbres de dimension finie et nous décrivons pour les dimensions 2, 3 et 4 les classifications à isomorphisme près. De plus, on calcule leurs groupes d'automorphismes et on déduit les classifications des super-algèbres de Hopf pour ces dimensions, pour cela nous avons élaboré le plan suivant :

Le premier chapitre est consacré aux généralités, définitions et propriétés des super-algèbres et de super-coalgèbres illustrées par des exemples. On présente aussi les définitions et les résultats fondamentaux des super-bialgèbres et super-algèbres de Hopf, comme la dualité et les propriétés de l'antipode.

Dans le chapitre 2, on donne des théorèmes de structures caractérisant les super-bialgèbres triviales (partie impaire réduite à $\{0\}$) et les super-algèbres connexes (partie paire de dimension 1). Par ailleurs, on montre que l'ensemble des super-bialgèbres (resp. super-algèbres de Hopf) d'une dimension fixée n forme une variété algébrique plongée dans un espace affine. Cette structure est exploitée dans le chapitre 3 pour établir les classifications des super-bialgèbres et de super-algèbres de Hopf en dimension 2 et 3, donnant au passage la classification des super-algèbres pour ces dimensions ainsi que les groupes des automorphismes.

Le quatrième chapitre concerne la classification des super-bialgèbres et de super-algèbres de Hopf en dimension 4. Nous nous basons sur les super-bialgèbres non-triviales dont la partie impaire est non nulle, à partir desquels on cherche les super-algèbres de Hopf possibles. A cet effet, nous utilisons la classification en dimension 4 des super-algèbres produite par Armour-Chen et Zhang [7].

Dans le chapitre 5, on étudie les structures quasitriangulaires sur les super-bialgèbres et les super-algèbres de Hopf obtenues précédemment et dans le chapitre 6, on généralise aux algèbres $\mathbb{Z}_2$-graduées le twist de Drinfel'd et la formule universelle de déformation, étudiée dans le cas non graduée par Giaquinto [24].

Enfin, en annexe, dans la première partie, on a rappelé les classifications des super-bialgèbres triviales de dimension 2 et 3, faites par Dekkar et Makhlouf [14]. En se basant sur les travaux de Gabriel [19] concernant les classifications des algèbres associatives et unitaires de dimension 2 et 3.

Dans la deuxième partie de l'annexe, on présente des illustrations de calculs et algorithme utilisés avec le logiciel de calcul formel Mathematica, pour déterminer les classifications, les groupes d'automorphismes et des structures quasitriangulaires.

Chapitre 1

Généralités

Dans ce chapitre, on rappelle les définitions et les propriétés de super-bialgèbres et de super-algèbres de Hopf.

1.1 Super-espace et morphismes de super-espaces

Soit $\mathbb{K}$ un corps commutatif de caractéristique 0. Un **super-espace** A est un $\mathbb{K}$-espace vectoriel muni d'une graduation $\mathbb{Z}/2\mathbb{Z}$. Autrement dit, il s'écrit comme somme directe de deux espaces vectoriels $A = A_0 \oplus A_1$ telle que A_0 est la partie paire et A_1 la partie impaire. Les éléments de A_0 (resp. A_1) sont appelés *homogènes pairs* (resp. *homogènes impairs*). Si $a \in A_0$, on note $|a| = \deg(a) = 0$ et si $a \in A_1$, $|a| = \deg(a) = 1$. On rappelle que A_0 la partie de degré 0 ou la partie paire et A_1 la partie de degré 1 ou la partie impaire. Notons que certains auteurs désignent la dimension de A par $i|j$, tel que $i = n_0$ et $j = n_1$, où $n_0 = \dim A_0$ et $n_1 = \dim A_1$. Soit B un sous espace de A. On dit que B est un **sous super-espace** de A si $B = B_0 \oplus B_1$ tel que $B_0 = B \cap A_0$ et $B_1 = B \cap A_1$. En plus, $A/B = (A/B)_0 \oplus (A/B)_1$ tels que $(A/B)_0 = A_0/B_0$ et $(A/B)_1 = A_1/B_1$.

Exemple 1.1.1 *Tout espace vectoriel sur $\mathbb{K}$ est un super-espace de partie impaire réduite à $\{0\}$.*

Exemple 1.1.2 *Le product tensoriel de deux super-espaces A et B, $A \otimes B$, est aussi un super-espace*
$A \otimes B = (A \otimes B)_0 \oplus (A \otimes B)_1$ *tel que*

$$(A \otimes B)_0 = (A_0 \otimes B_0) \oplus (A_1 \otimes B_1) \text{ et } (A \otimes B)_1 = (A_0 \otimes B_1) \oplus (A_1 \otimes B_0).$$

Exemple 1.1.3 *[21] Le dual A^* de super-espace $A = A_0 \oplus A_1$ admet une structure naturelle de super-espace $A^* = A_0^* \oplus A_1^*$, où A_i^* est isomorphe à l'ensemble des applications linéaires de A_i à $\mathbb{K}$, $i = 0, 1$.*

Définition 1.1.1 *Soient A et B deux super-espaces, un **morphisme de super-espace***

$$f : A \to B$$

est une application linéaire vérifiant $f(A_i) \subset B_i$, $i = 0, 1$.

Remarque 1.1.4 *Un morphisme de super-espace est aussi appelé une application homogène de degré 0. Une application homogène $f : A \to B$ de degré 1 est une application linéaire satisfaisant $f(A_i) \subset B_{i+1}$, $i = 0, 1$.*

Exemple 1.1.5 *L'application $\tau : A \otimes B \to B \otimes A$, $a \otimes b \mapsto \tau(a \otimes b) = (-1)^{|a||b|} b \otimes a$ est un morphisme de super-espace qui est appelé **super-flip**.*

Lemme 1.1.1 *Si $f : A \to B$ est un morphisme de super-espace alors son dual*

$$f^* : B^* \to A^*$$

est aussi un morphisme de super-espace. L'application f^* possède les propriétés suivantes :

$$(f + g)^* = f^* + g^*, \; (\lambda f)^* = \lambda f^*, \; (f \circ g)^* = g^* \circ f^*.$$

Pour un espace vectoriel de dimension finie, on a aussi

$$(f \otimes g)^* = f^* \otimes g^*.$$

1.2 Super-algèbres

Définition 1.2.1 *Une **super-algèbre** est un triplet (A, μ, η) où A un super-espace, $\mu : A \otimes A \to A$ (multiplication ou produit) et $\eta : \mathbb{K} \to A$ (unité) sont deux morphismes de super-espaces satisfaisant*

$$\mu \circ (\mu \otimes id_A) = \mu \circ (id_A \otimes \mu) \quad \text{(associativité)}, \tag{1.2.1}$$

$$\mu \circ \eta \otimes id_A = \mu \circ id_A \otimes \eta \quad \text{(unité)}. \tag{1.2.2}$$

Les conditions (1.2.1) et (1.2.2) peuvent être exprimées par la commutativité des diagrammes suivants

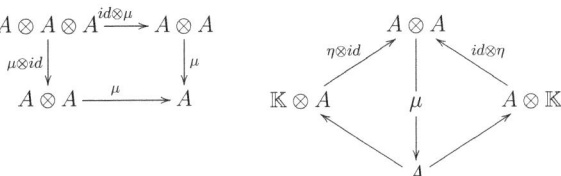

où : $A \to \mathbb{K} \otimes A$ et $A \to A \otimes \mathbb{K}$ sont des isomorphismes naturels.
L'unité η est engendrée par $\eta(1)$.

Donnons quelques exemples de super-algèbres ($A = A_0 \oplus A_1$).

Exemple 1.2.1 *Toute algèbre est une super-algèbre avec la partie impaire réduite à* $\{0\}$.

Exemple 1.2.2 *Si* $A = \mathbb{C}$ *alors* A *est une super-algèbre sur* $\mathbb{R}$, $A_0 = \mathbb{R}$; $A_1 = \mathbb{R}i$.

Exemple 1.2.3 $A = \left\{ \begin{pmatrix} a & 0 & 0 & 0 \\ 0 & a & 0 & d \\ c & 0 & b & 0 \\ 0 & 0 & 0 & b \end{pmatrix}, a,b,c,d \in \mathbb{K} \right\}$ *est une super-algèbre de dimension*
4 *avec*

$$A_0 = \mathbb{K} \begin{pmatrix} 1 & 0 & 0 & 0 \\ 0 & 1 & 0 & 0 \\ 0 & 0 & 1 & 0 \\ 0 & 0 & 0 & 1 \end{pmatrix} \oplus \mathbb{K} \begin{pmatrix} 1 & 0 & 0 & 0 \\ 0 & 1 & 0 & 0 \\ 0 & 0 & 0 & 0 \\ 0 & 0 & 0 & 0 \end{pmatrix} \oplus \mathbb{K} \begin{pmatrix} 0 & 0 & 0 & 0 \\ 0 & 0 & 0 & 1 \\ 0 & 0 & 0 & 0 \\ 0 & 0 & 0 & 0 \end{pmatrix}, A_1 = \mathbb{K} \begin{pmatrix} 0 & 0 & 0 & 0 \\ 0 & 0 & 0 & 0 \\ 1 & 0 & 0 & 0 \\ 0 & 0 & 0 & 0 \end{pmatrix}.$$

Exemple 1.2.4 $A = \mathbb{K}[x,y]/(x^2, y^2)$ *est une super-algèbre de dimension* 4 *avec*
$A_0 = \mathbb{K} \oplus \mathbb{K}(x+y) \oplus \mathbb{K}xy$; $A_1 = \mathbb{K}(x-y)$.

Exemple 1.2.5 $A = M_2(\mathbb{K})$ *est une super-algèbre de dimension* 4 *telle que*
$A_0 = \mathbb{K} \begin{pmatrix} 1 & 0 \\ 0 & 1 \end{pmatrix} \oplus \mathbb{K} \begin{pmatrix} 1 & 0 \\ 0 & 0 \end{pmatrix}$, $A_1 = \mathbb{K} \begin{pmatrix} 0 & 1 \\ 0 & 0 \end{pmatrix} \oplus \mathbb{K} \begin{pmatrix} 0 & 0 \\ 1 & 0 \end{pmatrix}$.

Une super-algèbre A est dite **commutative** si le produit satisfait $\mu \circ \tau = \mu$ où τ est un super-flip.

Autrement dit, pour tout élément $a, b \in A$, $\mu(a \otimes b) = (-1)^{|a||b|}\mu(b \otimes a)$. Cette relation s'exprime aussi par la commutativité du diagramme suivant

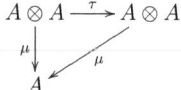

Définition 1.2.2 *Soient* (A, μ_A, η_A), (B, μ_B, η_B) *deux super-algèbres. L'application*

$$f : A \to B$$

*est un **morphisme de super-algèbre** s'il est un morphisme de super-espace satisfaisant*

$$f \circ \mu_A = \mu_B \circ f \otimes f \text{ et } f \otimes \eta_A = \eta_B.$$

Les conditions précédentes sont équivalentes à la commutativité des diagrammes suivants

$$\begin{array}{ccc} A \otimes A & \xrightarrow{\mu_A} & A \\ f \otimes f \downarrow & & \downarrow f \\ B \otimes B & \xrightarrow{\mu_B} & B \end{array} \qquad \begin{array}{ccc} A & \xrightarrow{f} & B \\ {\eta_A}\nwarrow & & \nearrow{\eta_B} \\ & \mathbb{K} & \end{array}$$

Exemple 1.2.6 *Le produit tensoriel $A \otimes B$ de deux super-algèbres (A, μ_A, η_A) et (B, μ_B, η_B) est aussi une super-algèbre avec le produit $\mu_{A \otimes B}$ et l'unité $\eta_{A \otimes B}$ tels que*

$$\mu_{A \otimes B} = (\mu_A \otimes \mu_B) \circ (id_A \otimes \tau \otimes id_B), \quad (1.2.3)$$
$$\eta_{A \otimes B} = \eta_A \otimes \eta_B. \quad (1.2.4)$$

Définition 1.2.3 *Soient (A, μ, η) une super-algèbre, I un sous super-espace de A. On dit que I est un **super-ideal** de A s'il satisfait $\mu(I \otimes A) \subset I$ et $\mu(A \otimes I) \subset I$.*

1.3 Super-coalgèbres

Définition 1.3.1 *Une **super-coalgèbre** est un triplet (C, Δ, ε) où C est un super-espace tel que $\Delta : C \to C \otimes C$ (comultiplication ou coproduit) et $\varepsilon : C \to \mathbb{K}$ (counité) sont deux morphismes de super-espace satisfaisant*

$$(\Delta \otimes id_C) \circ \Delta = (id_C \otimes \Delta) \circ \Delta \quad (coassociativité), \quad (1.3.1)$$
$$(\varepsilon \otimes id_C) \circ \Delta = (id_C \otimes \varepsilon) \circ \Delta \quad (counité). \quad (1.3.2)$$

En terme de diagrammes, les conditions (1.3.1) et (1.3.2) sont équivalentes à la commutativité des diagrammes suivants

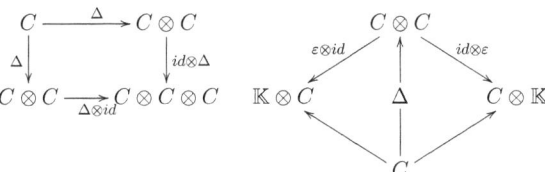

On utilise les notations de Sweedler pour le coproduit, on note pour tout $x \in C$

$$\Delta(x) = \sum_{(x)} x^{(1)} \otimes x^{(2)},$$

$$(id \otimes \Delta) \circ \Delta(x) = (\Delta \otimes id) \circ \Delta(x) = \sum_{(x)} x^{(1)} \otimes x^{(2)} \otimes x^{(3)}.$$

La propriété de la counité s'exprime comme $\sum_{(x)} \varepsilon(x^{(1)}) x^{(2)} = \sum_{(x)} x^{(1)} \varepsilon(x^{(2)}) = x$. Une super-coalgèbre C est dite **cocommutative** si la comultiplication satisfait

$$\forall x \in C, \quad \Delta(x) = \sum_{(x)} x^{(1)} \otimes x^{(2)} = \sum_{(x)} (-1)^{|x^{(1)}||x^{(2)}|} x^{(2)} \otimes x^{(1)}.$$

La cocommutativité est exprimée en terme de diagramme comme

$$\begin{array}{ccc} C \otimes C & \xrightarrow{\tau} & C \otimes C \\ {\scriptstyle \Delta}\uparrow & \nearrow{\scriptstyle \Delta} & \\ C & & \end{array}$$

Exemple 1.3.1 *Le produit tensoriel $A \otimes B$ de deux super-coalgèbres $(A, \Delta_A, \varepsilon_A)$ et $(B, \Delta_B, \varepsilon_B)$ est aussi une super-coalgèbre avec $\Delta_{A \otimes B}$ un coproduit et $\varepsilon_{A \otimes B}$ une counité tels que*

$$\Delta_{A \otimes B} = (id_A \otimes \tau \otimes id_B) \circ (\Delta_A \otimes \Delta_B); \quad (1.3.3)$$

$$\varepsilon_{A \otimes B} = \varepsilon_A \varepsilon_B. \quad (1.3.4)$$

Définition 1.3.2 *Soient* $(A, \Delta_A, \varepsilon_A)$, $(B, \Delta_B, \varepsilon_B)$ *deux super-coalgèbres. L'application*
$$f : (A, \Delta_A, \varepsilon_A) \to (B, \Delta_B, \varepsilon_B)$$
*est **un morphisme de super-coalgèbre** s'il est un morphisme de super-espaces satisfaisant*
$$f \otimes f \circ \Delta_A = \Delta_B \circ f \text{ et } \varepsilon_B \circ f = \varepsilon_A. \tag{1.3.5}$$

En terme de diagramme

$$\begin{array}{ccc} A & \xrightarrow{\Delta_A} & A \otimes A \\ {\scriptstyle f}\downarrow & & \downarrow{\scriptstyle f\otimes f} \\ B & \xrightarrow{\Delta_B} & B \otimes B \end{array} \qquad \begin{array}{ccc} A & \xrightarrow{f} & B \\ {\scriptstyle \varepsilon_A}\downarrow & \swarrow{\scriptstyle \varepsilon_B} & \\ \mathbb{K} & & \end{array}$$

Définition 1.3.3 *Soit* (A, Δ, ε) *une super-coalgèbre. On définit un **super-coideal** comme un sous super-espace* $J \subset C$ *tel que* $\Delta(J) \subset J \otimes C + C \otimes J$ *et* $\varepsilon(J) = 0$.

1.3.1 Dualité

On étudie la dualité entre la structure de super-algèbre et celle de super-coalgèbre.

Proposition 1.3.1 *Soit* $A = A_0 \oplus A_1$ *un super-espace vectoriel de dimension finie, on a les résultats suivants :*
- *Si* (A, μ, η) *est une super-algèbre alors* (A^*, μ^*, η^*) *est une super-coalgèbre.*
- *Si* (A, Δ, ε) *est une super-coalgèbre alors* $(A^*, \Delta^*, \varepsilon)$ *est une super-algèbre.*
- *Si* $(A, \mu, \eta, \Delta, \varepsilon)$ *est une super-bialgèbre alors* $(A^*, \Delta^*, \varepsilon^*, \mu^*, \eta^*)$ *est une super-bialgèbre.*
- *Si* $(A, \mu, \eta, \Delta, \varepsilon, S)$ *est une super-algèbre de Hopf alors* $(A^*, \Delta^*, \varepsilon, \mu^*, \eta^*, S^*)$ *est une super-algèbre de Hopf.*

Démonstration 1.3.1.1 *Le produit* $\mu = \Delta^*$ *est défini de* $A^* \otimes A^*$ *à* A^* *par*

$$(fg)(x) = \Delta^*(f,g)(x) = \langle \Delta(x), f \otimes g \rangle = (f \otimes g)(\Delta(x)) = \sum_{(x)} f(x^{(1)}) g(x^{(2)}), \quad \forall x \in A,$$

où $\langle \cdot, \cdot \rangle$ *est le couplement naturel entre le super-espace* $A \otimes A$ *et son dual. Pour* $f, g, h \in A^*$ *et* $x \in A$, *on a*

$$(fg)id^*(h)(x) = \langle (\Delta \otimes id) \circ \Delta(x), f \otimes g \otimes h \rangle,$$

CHAPITRE 1. GÉNÉRALITÉS   15

et
$$id^*(f)(gh)(x) = \langle (id \otimes \Delta) \circ \Delta(x), f \otimes g \otimes h \rangle.$$

d'où l'associativité $\mu \circ (\mu \otimes id^* - id^* \otimes \mu) = 0$ *se déduit de la coassociativité* (*i.e.* $\Delta \otimes id - id \otimes \Delta) \circ \Delta = 0$).
En plus, si ε *est la counité satisfaisant*

$$(id \otimes \varepsilon) \circ \Delta = id = (\varepsilon \otimes id) \circ \Delta$$

alors pour tout $f \in A^*$ *et* $x \in A$ *on a*

$$(\varepsilon f)(x) = \sum_{(x)} \varepsilon(x^{(1)}) f(x^{(2)}) = \sum_{(x)} f(\varepsilon(x^{(1)}) x^{(2)}) = f(id(x)) = id^*(f)(x),$$

et

$$(f\varepsilon)(x) = \sum_{(x)} f(x^{(1)}) \varepsilon(x^{(2)}) = \sum_{(x)} f(x^{(1)} \varepsilon(x^{(2)})) = f(id(x)) = id^*(f)(x),$$

ce qui montre que ε *est une unité de* A^*.

Le dual de la super-algèbre (A, μ, η) n'est pas, en général, une super-coalgèbre, car le coproduit n'attirait pas dans le bon espace : $\mu^* : A^* \to (A \otimes A)^* \supsetneq A^* \otimes A^*$. Néamoins, c'est le cas si la super-algèbre est de dimension finie, puisque $(A \otimes A)^* = A^* \otimes A^*$.

Dans le cas général, toute super-algèbre (A, μ, η), définit

$$A° = \{f \in A^*, f(I) = 0 \text{ pour un idéal cofini } I \text{ de } A\},$$

où un *ideal cofini* I est un idéal $I \subset A$ tel que A/I est de dimension finie.

$A°$ est un sous super-espace de A^* puisque il est fermé sous la multiplication par scalaires et la somme de deux éléments de $A°$ est toujours dans $A°$ car l'intersection de deux idéaux cofinis est un idéal cofini. Si A est de dimension finie, donc aussi $A° = A^*$.

Lemme 1.3.1 *Soient A et B deux super-algèbres et* $f : A \to B$ *un morphisme de super-algèbre. Alors l'application duale* $f^* : B^* \to A^*$ *satisfait* $f^*(B°) \subset A°$.

Démonstration 1.3.1.2 *Soit J un idéal cofini de B et* $p : B \to B/J$ *l'application canonique. Notons* $\widetilde{f} = p \circ f : A \to B/J$.

Montrons que $f^{-1}(J)$ est un idéal de A. En effet, pour $x \in A$ on a $f(xf^{-1}(J)) = f(x)f(f^{-1}(J)) = f(x)J \subset J$. En plus $xf^{-1}(J) \subset f^{-1}(J)$. Aussi $id_A(f^{-1}(J)) = f^{-1}(id_B(J)) = f^{-1}(J)$.

On a la suite exacte suivante
$$0 \to f^{-1}(J) \xrightarrow{i} A \xrightarrow{\tilde{f}} B/J \to 0.$$

On définit une application
$$f_\star : A/f^{-1}(J) \to B/J$$
par
$$f_\star(x + f^{-1}(J)) = f(x).$$

Elle induit un isomorphisme
$$A/f^{-1}(J) \to \operatorname{Im}\tilde{f}.$$

d'où $A/f^{-1}(J)$ est de dimension finie.

De même, on a $f^*(B^\circ) \subset A^\circ$. En effet, soit $b^* \in B^*$ tel que $\ker(b^*) \supset J$. Alors $\ker(f^*(b^*)) \supset f^{-1}(J)$, puisque

$$<f^*(b^*), f^{-1}(J)> = <b^*, f(f^{-1}(J))> = <b^*, J> = 0.$$

En utilisant ce lemme, on montre que $A^\circ \otimes A^\circ = (A \otimes A)^\circ$ et le dual $\mu^* : A^* \to (A \otimes A)^*$ de la multiplication $\mu : A \otimes A \to A$ satisfait

$$\mu^*(A^\circ) \subset A^\circ \otimes A^\circ.$$

En effet, pour $f \in A^*$, $x, y \in A$, on a

$$\langle \mu^*(f), x \otimes y \rangle = \langle f, xy \rangle.$$

D'où si I est un idéal cofini tel que $f(I) = 0$, alors $I \otimes A + A \otimes I$ est un idéal cofini de $A \otimes A$ qui s'annule sur $\mu^*(f)$.

Théorème 1.3.2 *Soit (A, μ, η) une super-algèbre. Alors son dual fini est muni d'une structure de super-coalgèbre $(A^\circ, \Delta, \varepsilon)$, où $\Delta = \mu^\circ = \mu^*|_{A^\circ}$ et $\varepsilon : A^\circ \to \mathbb{K}$ est défini par $\varepsilon(f) = f(1_A)$.*

Démonstration 1.3.1.3 *Le coproduit Δ est défini à partir de A° à $A^\circ \otimes A^\circ$ par*

$$\Delta(f)(x \otimes y) = \mu^*|_{A^\circ}(f)(x \otimes y) = \langle \mu(x \otimes y), f \rangle = f(xy), \quad x, y \in A.$$

pour tous $f, g, h \in A^\circ$ et $x, y \in A$, on a

$$(\Delta \circ id^\circ) \circ \Delta(f)(x \otimes y \otimes z) = \langle \mu \circ (\mu \otimes id)(x \otimes y \otimes z), f \rangle$$

et
$$(id^\circ \circ \Delta) \circ \Delta(f)(x \otimes y \otimes z) = \langle \mu \circ (id \otimes \mu)(x \otimes y \otimes z), f \rangle.$$
Alors la coassociativité $(\Delta \otimes id^\circ - id^\circ \otimes \Delta) \circ \Delta = 0$ *vient de l'associativité de la multiplication* μ *(ie.* $\mu \circ (\mu \otimes id - id \otimes \mu) = 0$*).*
et l'unité η *satisfait*
$$\mu \circ (id \otimes \eta) = id = \mu \circ (\eta \otimes id),$$
alors pour tout $f \in A^\circ$ *et* $x \in A$ *on a*
$$(\varepsilon \otimes id) \circ \Delta(f)(x) = f(1_A \cdot x) = f(id(x)) = id^\circ(f)(x)$$
et
$$(id \otimes \varepsilon) \circ \Delta(f)(x) = f(x \cdot 1_A) = f(id(x)) = id^\circ(f)(x),$$
ce qui montre que $\varepsilon : A^\circ \to \mathbb{K}$, $f \mapsto f(1)$ *est la counité de* A°.

1.4 Super-bialgèbres et Super-algèbres de Hopf

Définition 1.4.1 *Une **super-bialgèbre** est un quintuplet* $(A, \mu, \eta, \Delta, \varepsilon)$, *où* (A, μ, η) *une super-algèbre et* (A, Δ, ε) *une super-coalgèbre telles que l'une des conditions, de compatibilité, équivalente suivante est satisfaite :*

1. $\Delta : A \to A \otimes A$ *et* $\varepsilon : A \to \mathbb{K}$ *sont deux morphismes de super-algèbres,*
2. $\mu : A \otimes A \to A$ *et* $\eta : \mathbb{K} \to A$ *sont deux morphismes de super-coalgèbres.*

Autrement dit, Δ (resp. ε) satisfait la condition de compatibilité

$$\Delta \circ \mu = (\mu \otimes \mu) \circ (id_A \otimes \tau \otimes id_A) \circ (\Delta \otimes \Delta), \; \Delta \circ \eta = \eta \otimes \eta. \tag{1.4.1}$$

$$(\text{resp. } \varepsilon \circ \mu = \mu_\mathbb{K} \circ (\varepsilon \otimes \varepsilon), \; \varepsilon \circ \eta = id_\mathbb{K}),$$

où $\mu_\mathbb{K}$ est la multiplication de $\mathbb{K}$.
La dernière condition dans (1.4.1) exprime que l'unité $e_1^0 = \eta(1)$ de la super-algèbre est un groupe-like $\Delta(e_1^0) = e_1^0 \otimes e_1^0$.

Remarque 1.4.1 *Notons que si* $(A = A_0 \oplus A_1, \mu, \eta, \Delta, \varepsilon)$ *est une super-bialgèbre et* $\eta(1) = e_1^0$ *est l'élément unité, alors on a*

$$\varepsilon(A_1) = 0 \; et \; \varepsilon(e_1^0) = 1.$$

En effet, si $\varepsilon : A \longrightarrow \mathbb{K}$ *un morphisme de super-espace et* $\mathbb{K}$ *un super-espace tel que sa partie impaire est réduite à* $\{0\}$*, alors* ε *envoie la partie impaire à la partie impaire de* $\mathbb{K}$ *qui est réduite à* $\{0\}$*.*
Pour la deuxième assertion, si A *est une super-bialgèbre alors* ε *est un morphisme de super-algèbre et il envoie l'élément unité de* A *en l'élément unité de* $\mathbb{K}$

Si A et B sont deux super-bialgèbres sur $\mathbb{K}$, on appelle un morphisme de super-espace $f : A \to B$ un **morphisme de super-bialgèbres** s'il est, simultanément, morphisme de super-algèbres et morphisme de super-coalgèbres. Si B un sous super-espace de A tel que B une sous super-algèbre et une sous super-coalgèbre, alors B est dit une sous super-bialgèbre.

Définition 1.4.2 *Un **super bi-idéal** de la super-bialgèbre est un idéal de la super-algèbre adjacente et un coidéal de la super-coalgèbre adjacente.*

Définition 1.4.3 *Une **super-algèbre de Hopf** est une super-bialgèbre qui admet une antipode, qui est un morphisme de super-espace* $S : A \to A$ *satisfaisant les conditions suivantes :*

$$\mu \circ (S \otimes id_A) \circ \Delta = \mu \circ (id_A \otimes S) \circ \Delta = \eta \circ \varepsilon. \tag{1.4.2}$$

Une super-algèbre de Hopf est donnée par un sixtuplet $H = (A, \mu, \eta, \Delta, \varepsilon, S)$.

La condition (1.4.2) peut être exprimée par le digramme suivant

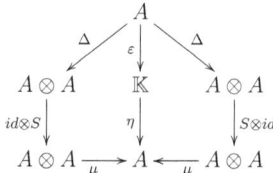

L'antipode possède les propriétés suivantes :

Proposition 1.4.1 *Soit* $(A, \mu, \eta, \Delta, \varepsilon, S)$ *une super-algèbre de Hopf et* S *son antipode. Alors*

1. $S \circ \mu = \mu \circ \tau \circ (S \otimes S)$,
2. $S \circ \eta = \eta$;

CHAPITRE 1. GÉNÉRALITÉS   19

3. $\varepsilon \circ S = \varepsilon$,
4. $\tau \circ (S \otimes S) \circ \Delta = \Delta \circ S$,
5. *Si A est commutative ou cocommutative alors $S \circ S = id$ où $id : A \longrightarrow A$ est un morphisme identité.*

Voir [1, 21, 37] pour la preuve.

Remarque 1.4.2 *1. Si l'antipode S de la super-algèbre de Hopf A, avec Δ une comultiplication, est bijective alors A est aussi une super-algèbre de Hopf, avec la comultiplication opposée $\Delta' = \tau \circ \Delta$ et l'antipode opposée $S' = S^{-1}$.*
2. Toute super-algèbre de Hopf possède un antipode bijective.

Exemple 1.4.3 *La super-algèbre enveloppante $U(\mathfrak{g})$ de la super-algèbre de Lie $\mathfrak{g}$ a la structure d'une super-algèbre de Hopf cocommutative avec la commultiplication définie par,*
$$\Delta(x) = x \otimes 1 + 1 \otimes x, \forall x \in \mathfrak{g},$$
counité
$$\varepsilon(1) = 1, \ \varepsilon(x) = 0, \ \forall x \in \mathfrak{g},$$
et l'antipode
$$S(x) = -x, \ \forall x \in \mathfrak{g}.$$

Nous étendons ces définitions à tous les éléments de $U(\mathfrak{g})$ par la linéarité et la condition de compatibilité. Notons que $\tau \circ \Delta = \Delta$ et $S^2 = id$.

Exemple 1.4.4 *La construction de double quantique introduite par Drinfel'd permet de construire une nouvelle super-algèbre de Hopf à partir de deux super-algèbres de Hopf fixées. Soient $(A, \mu_A, \eta_A, \Delta_A, \varepsilon_A, S_A)$ et $(B, \mu_B, \eta_B, \Delta_B, \varepsilon_B, S_B)$ deux super-algèbres de Hopf sur $\mathbb{C}$ avec antipodes inversibles.*
Soit $\varphi : B \otimes A \longrightarrow \mathbb{C}$ un morphisme de super-espace du produit tensoriel de super-algèbres de Hopf $B \otimes A$, sur le corps des nombres complexes $\mathbb{C}$, satisfaisant
$$\begin{aligned}\varphi(bb' \otimes a) &= \sum_{(a)} (-1)^{|b'||a_{(1)}|} \varphi(b \otimes a_{(1)}) \varphi(b' \otimes a_{(2)}), \\ \varphi(b \otimes aa') &= \sum_{(b)} \varphi(b_{(1)} \otimes a') \varphi(b_2 \otimes a), \\ \varphi(1 \otimes a) &= \varepsilon(a) \quad et \quad \varphi(b \otimes 1) = \varepsilon(b), \\ \varphi(b \otimes S(a)) &= \varphi(S^{-1}(b) \otimes a),\end{aligned}$$

pour tous les éléments homogènes $a, a' \in A$ *et* $b, b' \in B$. *On construit une nouvelle super-algèbre de Hopf* $\mathcal{D}(A \otimes B)$ *à partir de A et B telle que*

1. $\mathcal{D}(A \otimes B) = A \otimes B$ *comme super-espaces,*

2. *La comultiplication* $\Delta_{\mathcal{D}(A \otimes B)}$ *of* $\mathcal{D}(A \otimes B)$ *est donnée par*

$$\Delta_{\mathcal{D}(A \otimes B)} = (id_A \otimes \tau \otimes id_B)(\Delta_A \otimes \Delta_B),$$

3. *La counité* $\varepsilon_{\mathcal{D}(A \otimes B)}$ *est le produit tensoriel de counités de A et B.*

$$\varepsilon_{\mathcal{D}(A \otimes B)} = \varepsilon_A \otimes \varepsilon_B,$$

4. *L'unité* $\eta_{\mathcal{D}(A \otimes B)}$ *est le produit tensoriel de l'unité de A et B.*

$$\eta_{\mathcal{D}(A \otimes B)} = \eta_A \otimes \eta_B,$$

5. *La multiplication* $\mu_{\mathcal{D}(A \otimes B)}$ *est définie par ces deux formules :*

$$\begin{aligned}(a \otimes 1)(1 \otimes b) &= a \otimes b, \\ (1 \otimes b)(a \otimes 1) &= \sum_{(a),(b)} (-1)^{\zeta} \varphi(S(b_{(1)}) \otimes a_{(1)}) \varphi(b_{(3)} \otimes a_{(3)}) a_{(2)} \otimes b_{(2)},\end{aligned}$$

où $\zeta = |a_{(1)}||b_{(2)}| + |a_{(2)}||b_{(2)}| + |a_{(1)}||b_{(3)}| + |a_{(2)}||b_{(3)}|$ *et* $a \in A$, $b \in B$ *sont homogènes,*

6. *L'application* $a \longrightarrow a \otimes 1$ *(resp.* $b \longrightarrow 1 \otimes b$*) de A à* $\mathcal{D}(A \otimes B)$ *(resp. B à* $\mathcal{D}(A \otimes B)$*) est un morphisme injectif de super-algèbre de Hopf.*

Le dernier point nous permet d'identifier a à $a \otimes 1$ pour $a \in A$ et b à $1 \otimes b$ pour $b \in B$, et alors ab à $a \otimes b$. Soit $(a_i)_{i \in I}$ (resp. $(b_i)_{i \in I}$) est la base de A (resp. B), avec I est l'ensemble des indices dual pour φ, i.e. $\varphi(b_j \otimes a_i) = \delta_{ij}$. Alors, l'élément $\sum_i a_i \otimes b_i$ est la R-matrice universelle pour $\mathcal{D}(A \otimes B)$, qui donne cette super-algèbre de Hopf.

Remarque 1.4.5 *Certaines super-algèbres ne peuvent pas être munies d'une structure de super-bialgèbre. Par exemple,* $\mathcal{A} = M_2(\mathbb{K})$ *est une super-algèbre avec le produit matriciel et telle que la partie paire est* $A_0 = \mathbb{K}e_1^0 \oplus \mathbb{K} e_2^0$ *et la partie impaire est* $A_1 = \mathbb{K} e_1^1 \oplus \mathbb{K} e_2^1$, *où*

$$e_1^0 = \begin{pmatrix} 1 & 0 \\ 0 & 1 \end{pmatrix}, \ e_2^0 = \begin{pmatrix} 1 & 0 \\ 0 & 0 \end{pmatrix}, \ e_1^1 = \begin{pmatrix} 0 & 1 \\ 0 & 0 \end{pmatrix}, \ e_2^1 = \begin{pmatrix} 0 & 0 \\ 1 & 0 \end{pmatrix}.$$

On montre que $\mathcal{A} = M_2(\mathbb{K})$ *ne possède pas de structure de super-bialgèbre.*

En effet, la condition de compatibilité entre la counité ε et la multiplication

$$\varepsilon(\mu(x \otimes y)) = \varepsilon(x)\varepsilon(y),$$

n'est pas vérifiée, puisque d'un côté on a

$$\varepsilon(\mu(e_1^1 \otimes e_2^1)) = \varepsilon(e_2^0) = 0 \quad (\text{car } \varepsilon(e_2^1) = \varepsilon(e_1^1) = 0),$$

et de l'autre côté

$$\varepsilon(\mu(e_2^1 \otimes e_1^1)) = \varepsilon(e_1^0 - e_2^0) = 0.$$

Alors $\varepsilon(e_2^0) = 1$, d'où la contradiction.

Chapitre 2

Structure des super-bialgèbres et des super-algèbres de Hopf

Dans ce chapitre, on s'intéresse à la structure des super-bialgèbres et de super-algèbres de Hopf. On étudie essentiellement les super-bialgèbres triviales et les super-algèbres connexes. Par ailleurs, on décrit la structure de l'ensemble des super-bialgèbres de dimension fixée comme variété algébrique.

2.1 Super-bialgèbres triviales

On a le résultat évident suivant.

Proposition 2.1.1 *Toute bialgèbre de dimension finie (resp. algèbre de Hopf) est une super-bialgèbre (resp. super-algèbre de Hopf), dont la partie impaire est réduite à* $\{0\}$. *Ces super-bialgèbres (resp. super-algères de Hopf) sont appelées super-bialgèbres triviales (resp. super-algèbre de Hopf triviale).*

La classification des algèbres de Hopf a été explorée par plusieurs auteurs. Dans la suite, on donne les résultats fondamentaux et la classification des algèbres de Hopf en dimension finie.

2.1.1 Résultats fondamentaux

Dans cette section, on caractérise les algèbres de Hopf cocommutatives à l'aide du théorème de Milnor-Moore et on donne quelques résultats de classification des algèbres de Hopf de dimensions finies, en précisant les composantes irréductibles de la variété des algèbres de Hopf de dimension fixée. La classification en dimension finie des algèbres de Hopf a des applications en théorie des champs conformes [18].

Algèbres de Hopf cocommmutatives

On rappelle qu'une algèbre de Hopf est cocommutative si sa comultiplication vérifie $\tau \circ \Delta = \Delta$ où $\tau(x \otimes y) = y \otimes x$. On énonce d'abord deux formulations du théorème de Milnor - Moore [37] caractérisant les algèbres de Hopf cocommutatives.

Théorème 2.1.1 (Cartier-Kostant-Milnor-Moore) *Une algèbre de Hopf cocommutative $\mathcal{H}$ sur un corps algébriquement clos de caractéristique 0 est le produit semi-direct d'une algèbre de groupe et de l'algèbre enveloppante d'une algèbre de Lie*

$$\mathcal{H} = \mathbb{K}G \ltimes \mathcal{U}\mathfrak{g}$$

On en déduit qu'en dimension finie, une algèbre de Hopf cocommutative est une algèbre de groupe.

Un élément x de l'algèbre de Hopf $\mathcal{H}$ est dit *genre-groupe* (ou *grouplike*) si $\Delta(x) = x \otimes x$. Il est dit primitif si $\Delta(x) = x \otimes 1 + 1 \otimes x$. L'ensemble des éléments *primitifs* est noté $Prim(\mathcal{H})$, il possède la structure d'algèbre de Lie.

Théorème 2.1.2 (Cartier-Milnor-Moore-Quillen) *Soit $\mathcal{H}$ une algèbre de Hopf cocommutative graduée et dont la partie de degré 0 est de dimension 1 alors $\mathcal{H}$ est isomorphe à l'algèbre enveloppante $\mathcal{U}(Prim(\mathcal{H}))$ comme algèbre de Hopf graduée.*

2.1.2 Classification

La classification complète des algèbres de Hopf n'est pas connue. Neanmoins, il y a de nombreux résultats de classification en dimensions finies. Pour une dimension de l'algèbre n fixée, la classification est établie pour
- $n = p$ (p premier) (Zhu,[47]),
- $n = p^2$ (p premier) (Ng, [42])
- Pour de petites dimensions n, $n < 14$, $n = 15, 21, 35$. (voir les références [46] [44] [35] [17][40][47])

De plus, des résultats substantiels sont connus pour certaines classes comme les algèbres de Hopf pointées (Andrueskievish et Schneider, [5]) , et les algèbres de Hopf triangulaires (Etingof et Gelaki, [16]).

CHAPITRE 2. STRUCTURE DES SUPER-BIALGÈBRES ET DES SUPER-ALGÈBRES DE HOPF

Dans la suite, nous allons utiliser les notations suivantes : Z_n désigne le groupe cyclique à n éléments, D_n le groupe dihedral, S_n le groupe symmétrique, H_4 le groupe des quaternions et Al le groupe altérné. On note aussi $\mathbb{K}G$ l'algèbre de Hopf du groupe fini G et $(\mathbb{K}G)^*$ son algèbre de Hopf duale.

Théorème 2.1.3 ([47]) *Toute algèbre de Hopf de dimension p, où p est un nombre premier, est isomorphe à l'algèbre de groupe $\mathbb{K}[Z_p]$.*

Théorème 2.1.4 ([42]) *Toute algèbre de Hopf de dimension p^2, où p est un nombre premier, est isomorphe à l'une des algèbres de Hopf suivantes :*
1. $\mathbb{K}[Z_{p^2}]$
2. $\mathbb{K}[Z_p] \times \mathbb{K}[Z_p]$
3. T_{p^2} algèbre de Hopf de Taft-Sweedler.

Théorème 2.1.5 *Si $\mathcal{H}$ est une algèbre de Hopf de dimension $n \leq 13$, alors $\mathcal{H}$ est isomorphe à l'une des algèbres de Hopf suivantes*
– $n \in \{2, 3, 5, 7, 11, 13\}$
Comme la dimension est un nombre premier alors il y a que l'algèbre de groupe $\mathbb{K}Z_n$.
– $n = 4$
Il y a 3 classes d'isomorphie, l'algèbre de Hopf semi-simple $\mathbb{K}Z_4$ et $\mathbb{K}(Z_2 \times Z_2)$, l'algèbre de Taft-Sweedler T_4.
– $n = 6$
$\mathbb{K}Z_6$, $\mathbb{K}S_3$ et $(\mathbb{K}S_3)^*$
– $n = 8$
les algèbres de Hopf semi-simples sont : $\mathbb{K}(Z_2 \times Z_2 \times Z_2)$, $\mathbb{K}(Z_2 \times Z_4)$, $\mathbb{K}Z_8$, $\mathbb{K}D_4$, $(\mathbb{K}D_4)^*$, $\mathbb{K}H_4$, $(\mathbb{K}H_4)^*$ et A_8, où A_8 est définie par

$$\frac{\mathbb{K}\langle x, y, z\rangle}{\langle x^2 - 1,\ y^2 - 1,\ z^2 - \frac{1}{2}(1 + x + y - xy),\ xy - yx,\ zx - yz,\ zy - xz\rangle};$$

la structure de coalgèbre Δ, ε et l'antipode S sont déterminées par
$\Delta(x) = x \otimes x, \quad \Delta(y) = y \otimes y, \quad \Delta(z) = \frac{1}{2}(1 \otimes 1 + 1 \otimes x + y \otimes 1 - y \otimes x)(z \otimes z),$
$\varepsilon(x) = \varepsilon(y) = \varepsilon(z) = 1$
$S(x) = x, \quad S(y) = y, \quad S(z) = z.$

Les algèbres de Hopf qui ne sont pas semi-simples sont :
1.
$$A_{C_2} = \frac{\mathbb{K}\langle x, y, g\rangle}{\langle g^2 - 1,\ x^2,\ y^2,\ gx + xg,\ yg + gy,\ xy + yx\rangle}$$

la structure de coalgèbre et l'antipode sont déterminées par
$\Delta(g) = g \otimes g, \quad \Delta(x) = x \otimes g + 1 \otimes x, \quad \Delta(y) = y \otimes g + 1 \otimes y,$
$\varepsilon(x) = \varepsilon(y) = 0, \quad \varepsilon(g) = 1.$
$S(x) = -gx, \quad S(y) = -gy, \quad S(g) = g.$

2.
$$A'_{C_4} = \frac{\mathbb{K}\langle x, g \rangle}{\langle g^4 - 1, x^2, gx + xg \rangle}$$

la structure de coalgèbre et l'antipode sont déterminées par
$\Delta(g) = g \otimes g, \quad \Delta(x) = x \otimes g + 1 \otimes x,$
$\varepsilon(x) = 0, \quad \varepsilon(g) = 1.$
$S(x) = -xg^3, \quad S(g) = g^3.$

3.
$$A''_{C_4} = \frac{\mathbb{K}\langle x, g \rangle}{\langle g^4 - 1, x^2 - g^2 + 1, gx + xg \rangle}$$

la structure de coalgèbre et l'antipode sont déterminées par
$\Delta(g) = g \otimes g, \quad \Delta(x) = x \otimes g + 1 \otimes x,$
$\varepsilon(x) = 0, \quad \varepsilon(g) = 1.$
$S(x) = -xg^3, \quad S(g) = g^3.$

4.
$$A'''_{C_4,q} = \frac{\mathbb{K}\langle x, g \rangle}{\langle g^4 - 1, x^2, gx - qxg \rangle}$$

où q est la racine primitive de l'unité d'ordre 4.
la structure de coalgèbre et l'antipode sont déterminées par
$\Delta(g) = g \otimes g, \quad \Delta(x) = x \otimes g^2 + 1 \otimes x,$
$\varepsilon(x) = 0, \quad \varepsilon(g) = 1.$
$S(x) = -xg^3, \quad S(g) = g^3.$

5. $\left(A''_{C_4}\right)^*$

6.
$$A_{C_2 \times C_2} = \frac{\mathbb{K}\langle g, h, x \rangle}{\langle g^2 - 1, h^2 - 1, x^2, gx + xg, hx + xh, gh - hg \rangle}$$

la structure de coalgèbre et l'antipode sont déterminées par
$\Delta(g) = g \otimes g, \quad \Delta(h) = h \otimes h, \quad \Delta(x) = x \otimes g + 1 \otimes x,$
$\varepsilon(x) = 0, \quad \varepsilon(g) = \varepsilon(h) = 1.$
$S(g) = g, \quad S(h) = h, \quad S(x) = -xg.$

– $\mathbf{n = 9}$

KZ_9, $\mathbb{K}(Z_3 \times Z_3)$ et l'algèbre de Taft T_9.

– $\mathbf{n = 10}$

$\mathbb{K}Z_{10}$, $\mathbb{K}D_5$ et $(\mathbb{K}D_5)^*$.

− n = 12

les algèbres de Hopf semi-simples sont : $\mathbb{K}Z_{12}$, $\mathbb{K}(Z_6 \times Z_2)$, $\mathbb{K}(Z_4 \times Z_3)$, $\mathbb{K}D_6$, $(\mathbb{K}D_6)^*$, Al_4, $(Al_4)^*$, A_+ *et* A_-,

où A_+ *et* A_- *sont définies comme des* $\mathbb{K}S_3$*−anneaux engendrés par* v *et les relations :*

$$v^2 = v, \quad av = va \quad (a \in \mathbb{K}S_3)$$

la structure de coalgèbre Δ, ε *et l'antipode* S *de* A_+ *(resp.* A_-*) sont déterminées par*
$\Delta(\sigma) = \sigma v \otimes \sigma + \sigma(1-v) \otimes \sigma^2$,
$\Delta(\tau) = \tau \otimes \tau$ *(resp.* $\Delta(\tau) = \tau v \otimes \tau + \tau(1-v) \otimes \tau(2v-1)$*)*
$\Delta(v) = v \otimes v + (1-v) \otimes (1-v)$
$\varepsilon(\sigma) = \varepsilon(\tau) = \varepsilon(v) = 1$
$S(\sigma) = \sigma(1-v) + \sigma^2 v$, $S(\tau) = \tau$ *(resp.* $S(\tau) = \tau(2v-1)$*)*, $S(v) = v$.

Les algèbres de Hopf qui ne sont pas semi-simples sont :
1.
$$A_0 = \frac{\mathbb{K}\langle x, g \rangle}{\langle g^6 - 1, x^2, gx + xg \rangle}$$

la structure de coalgèbre et l'antipode sont déterminées par
$\Delta(g) = g \otimes g$, $\Delta(x) = x \otimes 1 + g \otimes x$,
$\varepsilon(x) = 0$, $\varepsilon(g) = 1$.
$S(g) = g^{-1}$, $S(x) = -xg$.

2.
$$A_1 = \frac{\mathbb{K}\langle x, g \rangle}{\langle g^6 - 1, x^2 + g^2 - 1, gx + xg \rangle}$$

la structure de coalgèbre et l'antipode sont déterminées par
$\Delta(g) = g \otimes g$, $\Delta(x) = x \otimes 1 + g \otimes x$,
$\varepsilon(x) = 0$, $\varepsilon(g) = 1$.
$S(g) = g^{-1}$, $S(x) = -xg$.

3.
$$B_0 = \frac{\mathbb{K}\langle x, g \rangle}{\langle g^6 - 1, x^2, gx + xg \rangle}$$

la structure de coalgèbre et l'antipode sont déterminées par
$\Delta(g) = g \otimes g$, $\Delta(x) = x \otimes 1 + g^3 \otimes x$,
$\varepsilon(x) = 0$, $\varepsilon(g) = 1$.
$S(g) = g^{-1}$, $S(x) = -xg$.

4.
$$B_1 = \frac{\mathbb{K}\langle x, g\rangle}{\langle g^6 - 1, x^2, gx - qxg\rangle}$$

où q est la racine primitive de l'unité d'ordre 6.
la structure de coalgèbre et l'antipode sont déterminées par
$\Delta(g) = g \otimes g, \quad \Delta(x) = x \otimes 1 + g^3 \otimes x,$
$\varepsilon(x) = 0, \quad \varepsilon(g) = 1.$
$S(g) = g^{-1}, \quad S(x) = -xg.$

Algèbres de Hopf pointées

Une algèbre de Hopf est dite *pointée* si toute sous coalgèbre simple est de dimension 1 ou de façon équivalente les comodules simples sont de dimension 1. Notons que les groupes quantiques de Drinfel'd et Jimbo $U_q(\mathfrak{g})$ avec $\mathfrak{g}$ une algèbre de Lie semi-simple sont des exemples d'algèbres de Hopf pointées.

La classification à isomorphisme près des algèbres de Hopf pointées de dimension finie, avec le groupe $G(\mathcal{H})$ des éléments genre-groupe (groupelike) abélien et tel que les diviseurs premiers de l'ordre de $G(\mathcal{H})$ sont supérieurs à 7, a été achevée recemment par Andruskiewitsch et Schneider [4]. Ils décrivent dans ce cas les algèbres de Hopf par les générateurs et relations.

Composantes irréductibles

Une composante de la variété algébrique $Hopf_n$ est dite irréductible si elle ne se décompose pas comme une réunion de deux sous-variétés algébriques. Les résultats suivants précisent les composantes irréductibles dans les variétés algébriques correspondantes aux classifications citées ci-dessus.

Théorème 2.1.6 ([33]) *Toute algèbre de Hopf dans $Hopf_p$ ou $Hopf_{p^2}$, p premier, est rigide, c'est à dire que son orbite pour l'action du groupe linéaire est un ouvert de Zariski.*

De plus, la variété $Hopf_p$ est formée d'une seule orbite et $Hopf_{p^2}$ est une union de $(p + 1)$ orbites ouvertes de Zariski.

Proposition 2.1.2 ([33]) *Le tableau suivant indique le nombre de composantes irréductibles de $Hopf_n$ pour $n < 14$:*

dimension	nombre de composantes irréducibles de $Hopf_n$
$n \in \{2,3,5,7,11,13\}$	1
$n = 4$	3
$n = 6$	3
$n = 8$	14
$n = 9$	4
$n = 10$	3
$n = 12$	14

2.2 Super-bialgèbres connexes

Dans cette section, on décrit quelques propriétés des super-bialgèbres connexes, qui sont les super-bialgèbres avec la dimension de la partie paire égale 1.

On considère dans la suite, les super-bialgèbres connexes qui sont les super-bialgèbres dont la partie paire est isomorphe à $\mathbb{K}$. On définit de la même façon les super-algèbres connexes, super-coalgèbres et les super-algèbres de Hopf connexes.

Lemme 2.2.1 *Soit $A = A_0 \oplus A_1$ un super-espace connexe de dimension $(n+1)$. Si $(A, \mu, \eta, \Delta, \varepsilon)$ est une super-bialgèbre avec $1 = \eta(1)$, alors on a*

1. $\mu(x \otimes y) = \mu(y \otimes x) = 0, \forall x, y \in A_1$.
2. $\Delta(x) = 1 \otimes x + x \otimes 1, \forall x \in A_1$.

Démonstration 2.2.0.1 *Soit $(x_1, x_2, \cdots, x_n)$ une base de A_1, et on pose*

$$\mu(x_i \otimes x_j) = \alpha_{ij}1, \ \Delta(x_i) = \sum_{k=1}^{n}(\lambda_{k1}x_k \otimes 1 + \lambda_{1k}1 \otimes x_k),$$

avec $\alpha_{ij}, \lambda_{1j}, \lambda_{j1}, \in \mathbb{K}, \forall i, j \in \{1, \cdots, n\}$.

– La compatibilité entre la counité et le produit

$$\varepsilon(\mu(x_i \otimes x_j)) = \varepsilon(x_i) \cdot \varepsilon(x_j),$$

et la définition de la counité

$$\varepsilon(x_i) = 0, \ \forall i \in \{1, \cdots, n\},$$

montre que
$$\alpha_{ij} = 0, \forall i, j \in \{1, \cdots, n\}.$$
Alors on a
$$\mu(x_i \otimes x_j) = \mu(x_j \otimes x_i) = 0, \ \forall i, j \in \{1, \cdots, n\}.$$

– La compatibilité entre la counité et la condition suivante :
$$(\varepsilon \otimes id)(\Delta(x_i)) = (id \otimes \varepsilon)(\Delta(x_i)) = x_i, \forall i \in \{1, \cdots, n\},$$
implique
$$(\varepsilon \otimes id)(\Delta(x_i)) = \sum_{k=1}^{n}[\lambda_{k1}\varepsilon(x_k) \otimes 1 + \lambda_{1k}\varepsilon(1) \otimes x_k] = \sum_{k=1}^{n} \lambda_{1k} x_k = x_i$$
et
$$(id \otimes \varepsilon)(\Delta(x_i)) = \sum_{k=1}^{n}[\lambda_{k1} x_k \otimes \varepsilon(1) + \lambda_{1k} 1 \otimes \varepsilon(x_k)] = \sum_{k=1}^{n} \lambda_{k1} x_k = x_i.$$
Alors $\lambda_{1k} = \lambda_{k1} = 0, \forall k \in \{1, \cdots, n\} - \{i\}$ *et* $\lambda_{1i} = \lambda_{i1} = 1.$ *D'où*
$$\Delta(x_i) = x_i \otimes 1 + 1 \otimes x_i, \ \forall i \in \{1, \cdots, n\}.$$

La première assertion du lemme n'est qu'une proposition dans [7], mais démontrée différemment.

Proposition 2.2.1 *Il n'existe pas de super-bialgèbres connexes de dimension n, pour $n \geqslant 3$.*

Démonstration 2.2.0.2 *Soit $A = A_0 \oplus A_1$ une super-algèbre de produit μ et d'unité 1. On suppose que $A_0 = \mathbb{K}$, $\dim A_1 = n \geq 2$ et $(x_1, x_2, \cdots, x_n)$ une base de A_1. selon le lemme 2.2.1,*
$$\Delta(x_i) = 1 \otimes x_i + x_i \otimes 1.$$
La condition de compatibilité mène à :
d'un côté à
$$\Delta(\mu(x_i \otimes x_j)) = 0,$$
et de l'autre côté
$$\mu \otimes \mu \circ \tau(\Delta(x_i) \otimes \Delta(x_j)) = \mu \otimes \mu \circ \tau((1 \otimes x_i + x_i \otimes 1) \otimes (1 \otimes x_j + x_j \otimes 1))$$
$$= \mu \otimes \mu \circ \tau(x_i \otimes 1 \otimes x_j \otimes 1 + x_i \otimes 1 \otimes 1 \otimes x_j + 1 \otimes x_i \otimes x_j \otimes 1 + 1 \otimes x_i \otimes 1 \otimes x_j)$$
$$= x_i \otimes x_j - x_j \otimes x_i \neq 0, \quad \forall i \neq j \in \{1, \ldots, n\}.$$
d'où, elle est satisfaite seulement pour $n = 1$.

CHAPITRE 2. STRUCTURE DES SUPER-BIALGÈBRES ET DES SUPER-ALGÈBRES DE HOPF

2.3 Variété algébrique des super-bialgèbres et des super-algèbres de Hopf

Une super-bialgèbre (resp. super-algèbre de Hopf)) de dimension n est identifiée à ses constantes de structures relativement à une base fixée. On montre qu'en dimension finie, les axiomes se traduisent par un système d'équations polynômiales, qui définissent la variété algébrique des super-bialgèbres de dimension n, notée par $GrBialg_n$ et plongée dans $\mathbb{K}^{2n_0^3+6n_0n_1^2+n_0-1}$. La résolution de ce système mène à la classification en dimension 2, 3 et 4.

Soient $(A, \mu, \eta, \Delta, \varepsilon)$ une super-bialgèbre de dimension n, où $n = n_0 + n_1$ telle que n_0 est la dimension de la partie paire et n_1 la dimension de la partie impaire, et $\{e_i^s\}$, où $s = 0, 1$; $i = 1, \ldots, n_s$, une base de A. On identifié le produit μ et le coproduit Δ avec leurs $2n_0^3 + 6n_0n_1^2 + n_0 - 1$ constantes de structures $C_{(i,s)(j,t)}^k$ et $D_{(i,l)}^{(j,s)(k)}$ respectivement, où

$$\mu(e_i^s \otimes e_j^t) = \sum_{k=1}^{n_r} C_{(i,s)(j,t)}^k e_k^r \text{ avec } r = (t+s)\mathrm{mod}[2],$$

$$\Delta(e_i^l) = \sum_{s=0}^{1} \sum_{j=1}^{n_s} \sum_{k=1}^{n_t} D_{(i,l)}^{(j,s)(k)} e_j^s \otimes e_k^t \text{ avec } t = (l+s)\mathrm{mod}[2].$$

La counité ε est identifiée à ses n_0 constantes de structures ξ_i^0 où

$$\varepsilon(e_i^l) = \begin{cases} \xi_i^0 & \text{si } l = 0 \text{ et } i \neq 1, \\ 0 & \text{si } l = 1, \\ 1 & \text{si } l = 0 \text{ et } i = 1. \end{cases}$$

La collection $(C_{(i,s)(j,t)}^k, D_{(i,l)}^{(p,s)(k)}, \xi_j^0)$ avec $s, t, k = 0, 1$; $l = (s+t)\mathrm{mod}[2]$, $i, p = 1, \cdots, n_s$, $j = 1, \cdots, n_t$ représentent une super-bialgèbre si le produit, le coproduit, l'unité et la counité satisfont (1.2.1), (1.2.2), (1.3.1) et (1.3.2), qui se traduisent aux équations polynômiales suivantes :

Les conditions de l'associativité et de l'unité se traduisent respectivement

$$\sum_{k=1}^{n_{(s+t)\mathrm{mod}[2]}} C_{(i,s)(j,t)}^k C_{(k,(s+t)\mathrm{mod}[2])(h,m)}^l - \sum_{k=1}^{n_{(t+m)\mathrm{mod}[2]}} C_{(j,t)(h,m)}^k C_{(i,s)(k,(t+m)\mathrm{mod}[2])}^l = 0, \tag{2.3.1}$$

où $(s, k, m) = \{0, 1\}^3$, $i = 1, \cdots, n_s$, $j = 1, \cdots, n_t$, $h = 1, \cdots, n_m$,

$$C^j_{(1,0)(j,t)} = C^j_{(j,t)(1,0)} = 1, \qquad (2.3.2)$$

$C^k_{(1,0)(j,t)} = C^k_{(j,t)(1,0)} = 0$, où $k \neq j$, $t = 0,1$; $j = 1, \cdots, n_t$, $k = 1, \cdots, n_t$. (2.3.3)

Les conditions de la coassociativité et de la counité se traduisent par

$$\sum_{j=1}^{n_s} D^{(j,s)(k)}_{(i,l)} D^{(u,m)(v)}_{(i,s)} = \sum_{k=1}^{n_{(l+s)\mathrm{mod}[2]}} D^{(j,s)(k)}_{(i,l)} D^{(p,n')(q)}_{(k,(l+s)\mathrm{mod}[2])} = 0, \qquad (2.3.4)$$

if $(u, m, v, (m + s)\mathrm{mod}[2], k, t) \neq (j, s, p, n', q, (n' + l + s)\mathrm{mod}[2])$; $(s, l, m, n') = \{0, 1\}^4$, $i = 1, \cdots, n_l$;
$k = 1, \cdots, n_{(s+l)\mathrm{mod}[2]}$; $u = 1, \cdots, n_m$, $v = 1, \cdots, n_{(m+s)\mathrm{mod}[2]}$; $j = 1, \cdots, n_s$, $p = 1, \cdots, n_{n'}$,
$q = 1, \cdots, n_{(n'+l+s)\mathrm{mod}[2]}$,

$$\sum_{j=1}^{n_s} D^{(j,s)(k)}_{(i,l)} D^{(u,m)(v)}_{(i,s)} - \sum_{k=1}^{n_{(l+s)\mathrm{mod}[2]}} D^{(j,s)(k)}_{(i,l)} D^{(v,0)(k)}_{(k,(l+s)\mathrm{mod}[2])} = 0, \qquad (2.3.5)$$

$$\sum_{k=1}^{n_s} \xi^0_k D^{(j,s)(k)}_{(i,s)} = 0,\ i \neq j,\ \sum_{k=1}^{n_s} \xi^0_k D^{(i,s)(k)}_{(i,s)} = 1,\ s = 0,1; i,j = 1, \cdots, n_s. \qquad (2.3.6)$$

La condition de compatibilité entre le produit et le coproduit devient

$$\sum_{u=1}^{n_m} \sum_{v=1}^{n_{(s+m)\mathrm{mod}[2]}} \sum_{u'=1}^{n_{m'}} \sum_{v'=1}^{n_{(m'+t)\mathrm{mod}[2]}} C^h_{(u,m)(u',m')} C^{n'}_{(v,(s+m)\mathrm{mod}[2])(v',(m'+t)\mathrm{mod}[2])} D^{(u,m)(v)}_{(i,s)} D^{(u',m')(v')}_{(j,t)}$$
$$= 0, \qquad (2.3.7)$$

$$\sum_{k=1}^{n_{(t+s)\mathrm{mod}[2]}} C^k_{(i,s)(j,t)} D^{(p,l)(q)}_{(k,(s+t)\mathrm{mod}[2])} = 0, \qquad (2.3.8)$$

CHAPITRE 2. STRUCTURE DES SUPER-BIALGÈBRES ET DES SUPER-ALGÈBRES DE HOPF

si $(h, (m+m')\mathrm{mod}[2], n', (m+m'+t+s)\mathrm{mod}[2]) \neq (hp, l, q, (l+t+s)\mathrm{mod}[2])$, $(s,t,m,m',l) \in \{0,1\}^5$, $i=1,\cdots,n_s$; $j=1,\cdots,n_t$, $h=1,\cdots,n_{(m+m')\mathrm{mod}[2]}$, $p=1,\cdots,n_l$, $q=1,\cdots,n_{(l+s+t)\mathrm{mod}[2]}$.

$$\sum_{k=1}^{n_0} C^k_{(i,1)(j,1)}\xi^0_k = 0, \quad \sum_{k=1}^{n_0} C^k_{(i,0)(j,0)}\xi^0_k = \xi^0_i\xi^0_j, \ \xi^0_1 = 1, \ \text{où } i=1,\cdots,n_0, \ j=1,\cdots,n_0. \tag{2.3.9}$$

Le système des conditions polynômiales mène l'ensemble des super-bialgèbres de dimension n, désigné par $GrBialg_n$, d'une structure de variété algébrique plongée dans la variété algébrique naturelle $\mathbb{K}^{2n_0^3+6n_0n_1^2+n_0-1}$ sur $\mathbb{K}$.

Les super-bialgèbres de dimension n qui possèdent une antipode définissent les super-algèbres de Hopf de dimension n. Si l'antipode S est définie par $S(e_i^s) = \sum_{k=1}^{n_s} \lambda^k_{(i,s)} e_k^s$, alors la condition (1.4.2) se traduit par des équations polynômiales suivantes :

$$\sum_{s=0}^{1}\sum_{j=1}^{n_s}\sum_{k=1}^{n_{(1+s)\mathrm{mod}[2]}}\sum_{u=1}^{n_s} C^{k'}_{(u,s)(k,(1+s)\mathrm{mod}[2]))} D^{(j,s)(k)}_{(i,1)}\lambda^u_{(j,s)} = 0, \tag{2.3.10}$$

$$\sum_{s=0}^{1}\sum_{j=1}^{n_s}\sum_{k=1}^{n_{(1+s)\mathrm{mod}[2]}}\sum_{u'=1}^{n_s} C^{k''}_{(j,s)(u',(1+s)\mathrm{mod}[2]))} D^{(j,s)(k)}_{(i,1)}\lambda^{u'}_{(k,(1+s)\mathrm{mod}[2])} = 0, \tag{2.3.11}$$

où $i, k', k'' = 1,\cdots,n_1$,

$$\sum_{s=0}^{1}\sum_{j=1}^{n_s}\sum_{k=1}^{n_s}\sum_{u=1}^{n_s} C^{k'}_{(u,s)(k,s)} D^{(j,s)(k)}_{(i,0)}\lambda^u_{(j,s)} = 0, \tag{2.3.12}$$

$$\sum_{s=0}^{1}\sum_{j=1}^{n_s}\sum_{k=1}^{n_s}\sum_{u'=1}^{n_s} C^{k''}_{(j,s)(u',s)} D^{(j,s)(k)}_{(i,0)}\lambda^{u'}_{(k,s)} = 0, \tag{2.3.13}$$

où $i = 1,\cdots,n_0$; $k' = 2,\cdots,n_0$, $k'' = 2,\cdots,n_0$,

$$\sum_{s=0}^{1}\sum_{j=1}^{n_s}\sum_{k=1}^{n_s}\sum_{u=1}^{n_s} C^{1}_{(u,s)(k,s)} D^{(j,s)(k)}_{(i,0)}\lambda^u_{(j,s)} = \xi^0_i, \tag{2.3.14}$$

$$\sum_{s=0}^{1}\sum_{j=1}^{n_s}\sum_{k=1}^{n_s}\sum_{u'=1}^{n_s} C^1_{(j,s)(u',s)} D^{(j,s)(k)}_{(i,0)} \lambda^{u'}_{(k,s)} = \xi^0_i, \qquad (2.3.15)$$

where $i = 1, \cdots, n_0$, $\lambda^k_{(1,0)} = \delta_{1k}$, $k = 1, \cdots, n_0$.

D'où, l'ensemble des super-algèbres de Hopf de dimension n définit une variété algébrique, notée par $GrHopfalg_n$, qui est plongée dans $\mathbb{K}^{2n_0^3 + 6n_0 n_1^2 + n_0 - 1}$.

On définit l'action d'un sous groupe linéaire L, $L = L_0 \oplus L_1$, où L_0 est isomorphe à $GL_{n_0}(\mathbb{K})$, et L_1 est isomorphe à $GL_{n_1}(\mathbb{K})$, sur $GrBialg_n$, la variété algébrique des super-bialgèbres de dimension n, par

$$\begin{array}{rcl} L \times GrBialg_n & \longrightarrow & GrBialg_n \\ (f, H) & \longmapsto & f \cdot H \end{array},$$

telle que pour tous $x, y \in A$

$$(f \cdot \mu)(x \otimes y) = f^{-1}(\mu(f(x) \otimes f(y))),$$
$$(f \cdot \Delta)(x) = f^{-1} \otimes f^{-1}(\Delta(f(x))),$$
$$(f \cdot \varepsilon)(x) = \varepsilon(f(x)).$$

En plus, L opère de la même façon sur la variété algébrique des super-algèbres de Hopf de dimension n. L'action sur l'antipode est définie par $f \cdot S = f^{-1} \circ S \circ f$. L'orbite de super-bialgèbres (resp. super-algèbres de Hopf) de H décrit ses classes d'isomorphismes, elle est caractérisée par

$$\theta(H) = \{f \cdot H, \quad f \in L\}.$$

Le stabilisateur de H est :

$$stab(H) = \{f \in L : f \cdot H = H\}.$$

Il correspond aux automorphismes de H. On a $\dim(\theta(H)) = (n_0^2 + n_1^2) - \dim(Aut(H))$.

2.3.1 Groupe d'automorphismes

Dans cette section, on explore le calcul du groupe d'automorphismes pour les super-bialgèbres et les super-algèbres de Hopf. Soient $H_1 = (A, \mu_1, \Delta_1, \varepsilon_1)$, $H_2 = (A, \mu_2, \Delta_2, \varepsilon_2)$ deux super-bialgèbres dans la même orbite. Alors, il existe une application linéaire paire

CHAPITRE 2. STRUCTURE DES SUPER-BIALGÈBRES ET DES SUPER-ALGÈBRES DE HOPF

$g : A \to A$ qui assure le transport des structures. On pose, relativement à la base $\{e_i^s\}$, où $s = 0, 1$ et $i = 1, \cdots, n_s$,

$$g(e_i^s) = \sum_{k=1}^{n_s} T_{(i,s)}^k e_k^s,$$

$$\mu_1(e_i^s \otimes e_j^t) = \sum_{k=1}^{n_r} C_{(i,s)(j,t)}^k e_k^r \text{ avec } r = (t+s)\mathrm{mod}[2],$$

$$\mu_2(e_i^s \otimes e_j^t) = \sum_{k=1}^{n_r} M_{(i,s)(j,t)}^k e_k^r, \text{ avec } r = (t+s)\mathrm{mod}[2],$$

$$\Delta_1(e_i^l) = \sum_{s=0}^{1} \sum_{j=1}^{n_s} \sum_{k=1}^{n_t} D_{(i,l)}^{(j,s)(k)} e_j^s \otimes e_k^t, \text{ avec } t = (l+s)\mathrm{mod}[2],$$

$$\Delta_2(e_i^l) = \sum_{s=0}^{1} \sum_{j=1}^{n_s} \sum_{k=1}^{n_t} B_{(i,l)}^{(j,s)(k)} e_j^s \otimes e_k^t, \text{ avec } t = (l+s)\mathrm{mod}[2],$$

$$\varepsilon_1(e_i^l) = \begin{cases} \xi_i^0 & \text{if } l = 0, \text{ avec } \xi_1^0 = 1, \\ 0 & \text{if } l = 1, \end{cases}$$

$$\varepsilon_2(e_i^l) = \begin{cases} \alpha_i^0 & \text{if } l = 0, \text{ avec } \alpha_1^0 = 1, \\ 0 & \text{if } l = 1. \end{cases}$$

Ces deux super-bialgèbres H_1 et H_2 sont isomorphes si les conditions suivantes sont satisfaites

$$\begin{cases} \sum_{i=1}^{n_l} T_{(p,s)}^i D_{(i,l)}^{(p,s)(q)} - \sum_{i=1}^{n_s} \sum_{k=1}^{n_t} T_{(i,s)}^p T_{(k,t)}^q B_{(j,l)}^{(i,s)(k)} = 0, \quad (s,t) \in \{0,1\}^2, \\[4pt] p = 1, \cdots, n_s, \, q = 1, \cdots, n_t, \, l = (s+t)\mathrm{mod}[2], \\[4pt] \sum_{k=1}^{n_r} T_{(k,r)}^q M_{(i,s)(j,t)}^q - \sum_{k=1}^{n_s} \sum_{p=1}^{n_t} T_{(i,s)}^k T_{(j,t)}^p C_{(k,s)(p,t)}^q = 0, \quad (s,t) \in \{0,1\}^2, \\[4pt] q = 1, \cdots, n_r, r = (s+t)\mathrm{mod}[2], \\[4pt] \sum_{k=1}^{n_0} \xi_k^0 T_{(i,0)}^k - \alpha_i^0 = 0, \, i = 1, \cdots, n_0, \, \alpha_1^0 = \xi_1^0 = 1. \end{cases}$$

Dans les chapitres 3 et 4, nous donnons la classification des super-bialgèbres en dimension 2, 3 et 4 (resp. super-algèbres de Hopf) et on calcule leurs groupes d'automorphismes. Ce qui nous amène à résoudre les systèmes obtenus ci-dessus.

Chapitre 3

Classification des super-bialgèbres et des super-algèbres de Hopf en dimension 2 et 3

3.1 Classification des super-bialgèbres et des super-algèbres de Hopf de dimension 2

Une super-bialgèbre de dimension 2 est soit triviale soit connexe. Pour le cas trivial, c'est à dire la bialgèbre de dimension 2, on se réfère à [14]. On a rappelé les principaux résultats en annexe 7.1.1 en page 89. Dans ce qui suit, nous donnons les super-bialgèbres et les super-algèbres de Hopf connexes de dimension 2.

Soit $(A, \mu, \eta, \Delta, \varepsilon)$ une super-bialgèbre connexe de dimension 2. On pose $A_0 = \mathbb{K}$ et $A_1 = span\{x\}$ et $\eta(1) = 1$ son élément unité.

Proposition 3.1.1 *Toute super-bialgèbre connexe de dimension 2 est isomorphe à la super-bialgèbre connexe $\mathbb{K}[x]/(x^2)$, avec $\deg(x) = 1$, définie par $\Delta(x) = 1 \otimes x + x \otimes 1$.*
En plus, elle possède une structure de super-algèbre de Hopf avec antipode S définie par

$$S(1) = 1, \ S(x) = -x.$$

Démonstration 3.1.0.1 *La multiplication et la comultiplication sont définies selon le lemme 2.2.1 par*

$$x \cdot x = \alpha, \ \Delta(x) = \beta \, 1 \otimes x + \gamma \, x \otimes 1,$$

où $\alpha, \beta, \gamma \in \mathbb{K}$. *La résolution de système d'équations* (2.3.1), $\cdots$, (2.3.9) *définie ci-dessus, relativement aux constantes de structures* α, β, γ, *donne le résultat.*

Pour la deuxième assertion, On suppose que l'antipode S, qui est définie précédemment, est éxprimée par

$$S(1) = 1, \ S(x) = \lambda x, \ avec \ \lambda \in \mathbb{K}.$$

En appliquant l'identité (1.4.2) *à* x, *on obtient seulement un seul cas non-trivial de super-algèbre de Hopf de dimension* 2 *associée à la super-bialgèbre connexe définie ci-dessus. L'antipode est définie par* $S(1) = 1, \ S(x) = -x$.

Soit $f : A \longrightarrow A$ un morphisme de super-algèbre, ce qui veut dire f est une application paire, satisfaisant $f(1) = 1$ et $f \circ \mu = \mu \circ f \otimes f$. Posons $f(x) = \alpha x$, où $\alpha \in \mathbb{K}$. Un calcul direct montre que $f \circ \mu = \mu \circ f \otimes f$ est satisfaite pour tout $\alpha \neq 0$.

Proposition 3.1.2 *Le groupe des automorphismes de super-bialgèbres de dimension* 2 *est un groupe infini*
$$\left\{ \begin{pmatrix} 1 & 0 \\ 0 & \alpha \end{pmatrix}, avec \ \alpha \in \mathbb{K} \backslash \{0\} \right\}.$$

3.2 Classification des super-bialgèbres et des super-algèbres de Hopf de dimension 3

En dimension 3, il y a trois cas pour $n_0 = \dim A_0$. Si $n_0 = 1$, on a le cas de super-bialgèbre connexe étudié précédemment (voir proposition 2.2.1). Si $n_0 = 3$, on a une super-bialgèbre triviale étudié par Dekkar et Makhlouf (voir [14]), on rappelle les principaux résultats en annexe 7.1.2 en page 90. Il reste à étudier donc le cas $n_0 = 2$.

3.2.1 Super-algèbres

Soit $(A, \mu, \eta, \Delta, \varepsilon)$ une super-bialgèbre de dimension 3 telle que $A = A_0 \oplus A_1$ et $\dim A_0 = 2$. Soit $\{1, x, y\}$ une base de A, telle que $\{1, x\}$ engendre la partie paire A_0 et $\{y\}$ engendre la partie impaire A_1. On suppose que $\eta(1) = 1$.
On rappelle la classification des algèbres de dimension 2.

Proposition 3.2.1 *[14, 19] Il existe, à isomorphisme près, deux algèbres de dimension* 2, $A_1 = \mathbb{K}[x]/(x^2)$ *et* $A_2 = \mathbb{K}[x]/(x^2 - x)$.

Puisque la partie paire d'une super-algèbre est une algèbre, alors on fixe la multiplication de la partie paire, qui sera l'une des deux multiplications rappelées dans la proposition 3.2.1. On note par $\mu_{i|j}$ la $j^{ième}$ multiplication obtenue par extension de la multiplication μ_i de l'algèbre de dimension 2 à la multiplication de la super-algèbre de dimension 3.

On considère la première algèbre A_1.

Proposition 3.2.2 *Toute super-algèbre non-triviale de dimension* 3, *où la partie paire est l'algèbre* A_1 *de dimension* 2, *est isomorphe à l'une des super-algèbres de dimension* 3, *deux à deux non-isomorphes, suivantes* $A_{1|1} = \mathbb{K}[x,y]/(x^2, y^2, xy)$ *et* $A_{1|2} = \mathbb{K}[x,y]/(x^2, y^2 - x, xy)$, *où* $\deg(x) = 0$ *et* $\deg(y) = 1$.

Démonstration 3.2.1.1 *On pose*

$$x \cdot y = \alpha y, \; y \cdot x = \beta y, \; y \cdot y = \gamma 1 + \sigma x, \; avec \; \alpha, \beta, \gamma, \sigma \in \mathbb{K}. \tag{3.2.1}$$

on a

$$x \cdot (y \cdot y) = \gamma\, x, \; et \quad (x \cdot y) \cdot y = \alpha\gamma\, 1 + \alpha\sigma\, x,$$
$$(y \cdot y) \cdot x = \gamma\, x \; et \quad y \cdot (y \cdot x) = \beta\gamma\, 1 + \beta\sigma\, x.$$

par l' associativité et l' identification, on obtient $\alpha\gamma = 0$, $\alpha\sigma = \gamma$, $\beta\gamma = 0$, $\beta\sigma = \gamma$. *Alors* $\gamma = 0$ *et donc* $y \cdot y = \sigma x$.
En plus, $x \cdot (x \cdot y) = (x \cdot x) \cdot y = 0$ *et* $(y \cdot x) \cdot x = y \cdot (x \cdot x) = 0$ *implique* $\alpha = \beta = 0$.
finalement, il reste à fixer σ.
Si $\sigma = 0$, *la super-algèbre définie par* $A_{1|1}$.
Si $\sigma \neq 0$, *alors on a la super-algèbre qui est donnée par la multiplication* μ_σ *définie par*

$$\mu_\sigma(x \otimes x) = 0, \; \mu_\sigma(y \otimes x) = 0, \; \mu_\sigma(x \otimes y) = 0, \; \mu_\sigma(y \otimes y) = \sigma x, \; \sigma \neq 0,$$

elle est isomorphe à $A_{1|2}$ *(pour* $\sigma = 1$*).*

Pour la deuxième super-algèbre A_2, on obtient trois possibilités d'extensions aux super-algèbres de dimension 3.

Proposition 3.2.3 *Toute super-algèbre non-triviale de dimension* 3 *dont la partie paire est l'algèbre* A_2 *de dimension* 2, *est isomorphe à l'une des super-algèbres de dimension* 3, *deux à deux non-isomorphes suivantes* $A_{2|1} = \mathbb{K}[x,y]/(x^2 - x, \; y^2 - x, xy - y)$, $A_{2|2} = \mathbb{K}<x,y>/(x^2 - x, \; y^2, xy - y, \; yx)$ *et* $A_{2|3} = \mathbb{K}[x,y]/(x^2 - x, \; y^2, xy - y)$, *où* $\deg(x) = 0$ *et* $\deg(y) = 1$.

Démonstration 3.2.1.2 *La condition d'associativité,*

$$(x \cdot x) \cdot y = x \cdot (x \cdot y) \quad et \quad y \cdot (x \cdot x) = (y \cdot x) \cdot x,$$

implique que α et β aient les valeurs 0 ou 1.
De même, les conditions

$$x \cdot (y \cdot y) = (x \cdot y) \cdot y \quad et \quad y \cdot (y \cdot x) = (y \cdot y) \cdot x$$

mènent aux équations

$$\alpha\gamma = 0, \ \alpha\sigma = \gamma + \sigma, \ \beta\gamma = 0, \ \beta\sigma = \gamma + \sigma. \tag{3.2.2}$$

On considère les deux cas $\gamma = 0$ et $\gamma \neq 0$.
1. *Si $\gamma = 0$, alors le système (3.2.2) se réduit à $\sigma(\alpha - 1) = 0$ et $\sigma(\beta - 1) = 0$. d'où, on déduit deux sous cas :*
   (a) *Si $\sigma \neq 0$, alors $\alpha = \beta = 1$. on obtient les super-algèbres qui sont isomorphes à $A_{2|1}$ ($\sigma = 1$).*
   (b) *Si $\sigma = 0$, on distingue deux cas $\alpha = \beta$ et $\alpha \neq \beta$,*
      i. *Si $\alpha = \beta$, ce qui veut dire que $(\alpha, \beta) \in \{(0, 0), (1, 1)\}$. Alors, on obtient deux super-algèbres isomorphes à $A_{2|3}$.*
      ii. *Si $\alpha \neq \beta$, ce qui veut dire $(\alpha, \beta) \in \{(0, 1), (1, 0)\}$. Alors, on obtient les super-algèbres qui sont isomorphes à $A_{2|2}$.*
2. *Si $\gamma \neq 0$. Alors, le système (3.2.2) se réduit à $\alpha = \beta = 0$ et $\sigma = -\gamma$.*
   d'où, on a les super-algèbres de multiplication μ_γ définie par

$$\mu_\gamma(x \otimes x) = x, \ \mu_\gamma(y \otimes x) = 0, \ \mu_\gamma(x \otimes y) = 0, \ \mu_\gamma(y \otimes y) = \gamma(1 - x),$$

   qui sont isomorphes à la super-algèbre $A_{2|1}$.

3.2.2 Groupe d'automorphismes de super-algèbres de dimension 3

Pour chaque super-algèbre définie ci-dessus, on calcule son groupe d'automorphisme. Soit $f : A \longrightarrow A$ un morphisme de super-algèbre, c'est à dire f est une application linéaire paire, satisfaisant $f(1) = 1$ et $f \circ \mu = \mu \circ f \otimes f$.
On pose $f(x) = T_1 1 + T_2 x$, et $f(y) = T_3 y$, tel que $T_1, T_2, T_3 \in \mathbb{K}$ et $T_2 T_3 \neq 0$. Alors on applique les conditions suivantes sur les éléments de base. Il est facile de montrer que $T_1 = 0$. Après les calculs, on obtient les résultats regroupeés dans le tableau ci-dessous.

Proposition 3.2.4 *Le tableau suivant donne le groupe d'automorphismes pour chaque super-algèbre :*

Super-algèbre	Automorphisme de super-algèbre
$A_{1\|1}$	$\left\{ \begin{pmatrix} 1 & 0 & 0 \\ 0 & \alpha & 0 \\ 0 & 0 & \beta \end{pmatrix}, avec\ (\alpha, \beta) \in (\mathbb{K}^*)^2 \right\}$
$A_{1\|2}$	$\left\{ \begin{pmatrix} 1 & 0 & 0 \\ 0 & \alpha^2 & 0 \\ 0 & 0 & \alpha \end{pmatrix}, avec\ \alpha \in \mathbb{K}^* \right\}$
$A_{2\|1}$	$\left\langle \begin{pmatrix} 1 & 0 & 0 \\ 0 & 1 & 0 \\ 0 & 0 & -1 \end{pmatrix} \right\rangle$
$A_{2\|2}, A_{2\|3}$	$\left\{ \begin{pmatrix} 1 & 0 & 0 \\ 0 & 1 & 0 \\ 0 & 0 & \alpha \end{pmatrix}, avec\ \alpha \in \mathbb{K}^* \right\}$

3.2.3 Super-bialgèbres et super-algèbres de Hopf

Maintenant, on construit les super-bialgèbres associées aux cinq super-algèbres citées ci-dessus.

Proposition 3.2.5 *Il n'existe pas de super-bialgèbre de dimension 3, avec* $\dim A_0 = 2$, *associées aux super-algèbres* $A_{1|1}$ *et* $A_{1|2}$.

Démonstration 3.2.3.1 *On suppose que*
$$\Delta(x) = \alpha 1 \otimes 1 + \beta 1 \otimes x + \gamma x \otimes 1 + \sigma x \otimes x + \delta y \otimes y,\ où\ \alpha, \beta, \gamma, \sigma, \delta \in \mathbb{K}.$$

Puisque on a $x^2 = 0$, *la condition de compatibilité*
$$\varepsilon(\mu(x \otimes x)) = \varepsilon(x)\varepsilon(x),$$
implique $\varepsilon(x) = 0$.
D'un côté, la condition
$$(\varepsilon \otimes id)(\Delta(x)) = (id \otimes \varepsilon)(\Delta(x)) = x,$$

implique $\alpha = 0$ *et* $\beta = \gamma = 1$.
De l'autre côté, la condition de compatibilité

$$\Delta \circ \mu(x \otimes x) = (\mu \otimes \mu) \circ (id \otimes \tau \otimes id) \circ (\Delta \otimes \Delta)(x \otimes x) = 0,$$

mène à $\beta\gamma = 0$. *D'où la contradiction.*

Dans la suite, on considère les structures de super-algèbres définies par $A_{2|1}$, $A_{2|2}$ et $A_{2|3}$. On note $A_{i|j}^k$ la super-bialgèbre $(A, \mu_{i|j}, \eta, \Delta_{i|j}^k, \varepsilon_{i|j}^k)$. On a $A^{cop} = (A, \mu, \eta, \Delta', \varepsilon)$ où $\Delta' = \Delta \circ \tau$ et τ est le superflip. Par un calcul direct, on obtient les super-bialgèbres, deux à deux non-isomorphes suivantes. On a pour toutes ces super-bialgèbres $\Delta_{i|j}^k(1) = 1 \otimes 1$.

Pour la **super-algèbre** $A_{2|1}$, on a

1. $A_{2|1}^1$ avec $\Delta_{2|1}^1(x) = 1 \otimes x + x \otimes 1 - x \otimes x$, $\Delta_{2|1}^1(y) = y \otimes 1 + 1 \otimes y - y \otimes x$, $\varepsilon_{2|1}^1(x) = 0$.

2. $(A_{2|1}^1)^{cop}$.

Pour la **super-algèbre** $A_{2|2}$, on a

1. $A_{2|2}^1$ avec $\Delta_{2|2}^1(x) = 1 \otimes x + x \otimes 1 - x \otimes x$, $\Delta_{2|2}^1(y) = 1 \otimes y + y \otimes 1 - y \otimes x - x \otimes y$, $\varepsilon_{2|2}^1(x) = 0$.

2. $A_{2|2}^2$ avec $\Delta_{2|2}^2(x) = 1 \otimes x + x \otimes 1 - x \otimes x + y \otimes y$, $\Delta_{2|2}^2(y) = 1 \otimes y + y \otimes 1 - y \otimes x - x \otimes y$, $\varepsilon_{2|2}^2(x) = 0$.

3. $A_{2|2}^3$ avec $\Delta_{2|2}^3(x) = x \otimes x$, $\Delta_{2|2}^3(y) = y \otimes x + x \otimes y$, $\varepsilon_{2|2}^3(x) = 1$.

4. $A_{2|2}^4$ avec $\Delta_{2|2}^4(x) = x \otimes x + y \otimes y$, $\Delta_{2|2}^4(y) = y \otimes x + x \otimes y$, $\varepsilon_{2|2}^4(x) = 1$.

pour la **super-algèbre** $A_{2|3}$, on a

1. $A_{2|3}^1$ avec $\Delta_{2|3}^1(x) = 1 \otimes x + x \otimes 1 - x \otimes x$, $\Delta_{2|3}^1(y) = 1 \otimes y + y \otimes 1 - x \otimes y - y \otimes x$, $\varepsilon_{2|3}^1(x) = 0$.

2. $A_{2|3}^2$ avec $\Delta_{2|3}^2(x) = 1 \otimes x + x \otimes 1 - x \otimes x$, $\Delta_{2|3}^2(y) = 1 \otimes y + y \otimes 1 - x \otimes y$, $\varepsilon_{2|3}^2(x) = 0$.

3. $(A_{2|3}^2)^{cop}$.

4. $A_{2|3}^4$ avec $\Delta_{2|3}^4(x) = 1 \otimes x + x \otimes 1 - x \otimes x$, $\Delta_{2|3}^4(y) = y \otimes 1 + 1 \otimes y$, $\varepsilon_{2|3}^4(x) = 0$.

5. $A_{2|3}^5$ avec $\Delta_{2|3}^5(x) = x \otimes x$, $\Delta_{2|3}^5(y) = y \otimes x + x \otimes y$, $\varepsilon_{2|3}^5(x) = 1$.

Théorème 3.2.1 *Toute super-bialgèbre non-triviale de dimension 3 avec* $\dim A_0 = 2$ *est isomorphe à l'une des super-bialgèbres de dimension 3, deux à deux non-isomorphes, définies précédemment,*

$$A_{2|1}^1,\ (A_{2|1}^1)^{cop},\ A_{2|2}^k,\ k=1,\cdots,4,\ A_{2|3}^1,\ A_{2|3}^2,\ (A_{2|3}^2)^{cop},\ A_{2|3}^4,\ A_{2|3}^5.$$

Théorème 3.2.2 *Il n'existe pas de super-algèbre de Hopf non-triviale de dimension 3.*

Démonstration 3.2.3.2 *On vérifie qu'aucune de ces super-bialgèbres ne peut avoir une structure de super-algèbre de Hopf. En effet, soit S une antipode de l'une des super-bialgèbres de dimension 3 définies ci-dessus. On suppose que*

$$S(1) = 1,\ S(x) = \lambda_1 1 + \lambda_2 x,\ S(y) = \lambda_3 y,$$

et S satisfait l'identité $\mu \circ (S \otimes id) \circ \Delta = \mu \circ (id \otimes S) \circ \Delta = \eta \circ \varepsilon$. On applique l'identité à x et on étudie deux cas

Cas 1 $\varepsilon(x) = 0$.
Pour toute super-bialgèbre de dimension 3, on a

$$\Delta(x) = 1 \otimes x + x \otimes 1 - x \otimes x + \alpha y \otimes y,\ \text{telle que } \alpha = 0 \text{ ou } 1.$$

d'un coté, on a,

$$\begin{aligned}\mu \circ (S \otimes id_A) \circ \Delta(x) &= \mu \circ (1 \otimes x + x \otimes 1 - S(x) \otimes x + \alpha S(y) \otimes y) \\ &= x + (\lambda_1 x + \lambda_2 x) - \lambda_1 x - \lambda_2 x \\ &= \lambda_1 1 + (1 - \lambda_1)x.\end{aligned}$$

De l'autre coté, on a $\eta \circ \varepsilon(x) = 0$. D'où la contradiction.

Cas 2 $\varepsilon(x) = 1$.
Dans ce cas, $\Delta(x)$ est définie sous cette forme

$$\Delta(x) = x \otimes x + \alpha y \otimes y,\ \text{tel que } \alpha = 0 \text{ ou } 1.$$

Alors, d'un coté, on a,

$$\mu \circ (S \otimes id_A) \circ \Delta(x) = \mu \circ (S(x) \otimes x + \alpha S(y) \otimes y) = (\lambda_1 + \lambda_2)x.$$

De l'autre coté, on a $\eta \circ \varepsilon(x) = 1$. D'où la contradiction.

3.2.4 Groupe d'automorphismes de super-bialgèbres de dimension 3

On utilise le groupe d'automorphisme de super-algèbre de dimension 3 et on vérifie, en plus, l'identité (1.3.5). On obtient le résultat suivant :

Proposition 3.2.6 *Le groupe d'automorphismes de toutes super-bialgèbres de dimension 3 avec la multiplication* $\mu_{2|1}$, *est un groupe fini d'ordre* 2

$$\left\langle \begin{pmatrix} 1 & 0 & 0 \\ 0 & 1 & 0 \\ 0 & 0 & -1 \end{pmatrix} \right\rangle.$$

Le groupe d'automorphismes de toutes les super-bialgèbres de dimension 3 *avec les multiplications* $\mu_{2|2}$, $\mu_{2|3}$, *est un groupe infini*

$$\left\{ \begin{pmatrix} 1 & 0 & 0 \\ 0 & 1 & 0 \\ 0 & 0 & \alpha \end{pmatrix}, \text{ avec } \alpha \in \mathbb{K}^* \right\}.$$

Chapitre 4

Classification de super-bialgèbres et de super-algèbres de Hopf de dimension 4

Soit $A = A_0 \oplus A_1$ une super-bialgèbre de dimension 4. Il existe quatre cas pour $n_0 = \dim A_0$. Si $n_0 = 1$, la super-bialgèbre est connexe, ce cas est étudié précédemment, voir proposition 2.2.1. Si $n_0 = 4$, elle correspond à la super-bialgèbre triviale. Dans la suite, on étudie les cas $n_0 = 2$ et $n_0 = 3$.

4.0.5 Algèbre de dimension 4

Dans ce paragraphe, on rappelle la classification des algèbres de dimension 4 donnée par Gabriel dans son article [19] et la classification des super-algèbres de dimension 4 avec $n_0 = 2$ et $n_0 = 3$ faite par Armour, Chen et Zhang dans [7].

Théorème 4.0.3 *Les algèbres suivantes sont deux à deux non-isomorphes et toute algèbre de dimension* 4 *est isomorphe à l'une de ces* 19 *algèbres :*

(1) $\mathbb{K} \times \mathbb{K} \times \mathbb{K} \times \mathbb{K}$,

(2) $\mathbb{K} \times \mathbb{K} \times \mathbb{K}[x]/x^2$,

(3) $\mathbb{K}[x]/x^2 \times \mathbb{K}[y]/y^2$,

(4) $\mathbb{K} \times \mathbb{K}[x]/x^3$,

(5) $\mathbb{K}[x]/x^4$,

(6) $\mathbb{K} \times \mathbb{K}[x,y]/(x,y)^2$,

(7) $\mathbb{K}[x,y]/(x^2,y^2)$,

(8) $\mathbb{K}[x,y]/(x^3,xy,y^2)$,

(9) $\mathbb{K}[x,y,z]/(x,y,z)^2$,

(10) $M_2 = \begin{pmatrix} \mathbb{K} & \mathbb{K} \\ \mathbb{K} & \mathbb{K} \end{pmatrix}$,

(11) $\left\{ \begin{pmatrix} a & 0 & 0 & 0 \\ 0 & a & 0 & d \\ c & 0 & b & 0 \\ 0 & 0 & 0 & b \end{pmatrix} / a,b,c,d \in \mathbb{K} \right\}$,

(12) $\Lambda \mathbb{K}^2 = $ algèbre exterieure de $\mathbb{K}^2$,

(13) $\mathbb{K} \times \begin{pmatrix} \mathbb{K} & \mathbb{K} \\ 0 & \mathbb{K} \end{pmatrix}$,

(14) $\left\{ \begin{pmatrix} a & 0 & 0 \\ c & a & 0 \\ d & 0 & b \end{pmatrix} / a,b,c,d \in \mathbb{K} \right\}$,

(15) $\left\{ \begin{pmatrix} a & c & d \\ 0 & a & 0 \\ 0 & 0 & b \end{pmatrix} / a,b,c,d \in \mathbb{K} \right\}$,

(16) $\mathbb{K}[x,y]/(x^2,y^2,yx)$,

(17) $\left\{ \begin{pmatrix} a & 0 & 0 \\ 0 & a & 0 \\ c & d & b \end{pmatrix} / a,b,c,d \in \mathbb{K} \right\}$,

(18) $\mathbb{K}\langle x,y\rangle/(x^2,y^2,yx - \lambda xy)$, pour $\lambda \neq -1,0,1$,

(19) $\mathbb{K}\langle x,y\rangle/(y^2,x^2 + yx, xy + yx)$,

où $\mathbb{K}\langle x,y\rangle$ l'algèbre associative libre engendrée par x et y

4.0.6 Super-algèbres de dimension 4 où $\dim(A_0) = 3$

Soit $\{e_1^0, e_2^0, e_3^0, e_1^1\}$ une base de la super-algèbre A, $A = A_0 \oplus A_1$, telle que $A_0 = span\{e_1^0, e_2^0, e_3^0\}$, $A_1 = span\{e_1^1\}$ et e_1^0 est l'élément unité de la super-algèbre. On rappelle, ci-dessous, les multiplications obtenues de toutes les graduations possibles obtenues à partir d'une algèbre fixée. On dénote par $\mu_{i|j}$ la multiplication de la super-algèbre $i|j$ de dimension 4 dans le cas $\dim A_0 = 3$. On conserve les notations utilisées dans [7], $i|j$ est la $j^{ième}$ super-algèbre obtenue par la $i^{ième}$ algèbre de dimension 4 fixée.

Proposition 4.0.7 *[7] Soit $\mathbb{K}$ un corps algébriquement clos de caractéristique 0, on suppose que A une super-algèbre de dimension 4 avec $\dim A_0 = 3$. Alors A est isomorphe à l'une des super-algèbres deux à deux non-isomorphes suivantes :*

1|1 $\mathbb{K} \times \mathbb{K} \times \mathbb{K} \times \mathbb{K}$, $e_1^0 = (1,1,1,1)$, $e_2^0 = (1,0,0,0)$, $e_3^0 = (0,0,1,1)$, $e_1^1 = (0,0,1,-1)$.

2|1 $\mathbb{K} \times \mathbb{K} \times \mathbb{K}[x]/x^2$, $e_1^0 = (1,1,1)$, $e_2^0 = (1,0,0)$, $e_3^0 = (0,1,0)$, $e_1^1 = (0,0,x)$.

2|2 $\mathbb{K} \times \mathbb{K} \times \mathbb{K}[x]/x^2$, $e_1^0 = (1,1,1)$, $e_2^0 = (1,1,0)$, $e_3^0 = (0,0,x)$, $e_1^1 = (1,-1,0)$.

3|1 $\mathbb{K}[x]/x^2 \times \mathbb{K}[y]/y^2$, $e_1^0 = (1,1)$, $e_2^0 = (1,0)$, $e_3^0 = (x,0)$, $e_1^1 = (0,y)$.

4|1 $\mathbb{K} \times \mathbb{K}[x]/x^3$, $e_1^0 = (1,1)$, $e_2^0 = (1,0)$, $e_3^0 = (0,x^2)$, $e_1^1 = (0,x)$.

6|1 $\mathbb{K} \times \mathbb{K}[x,y]/(x,y)^2$ $e_1^0 = (1,1)$, $e_2^0 = (1,0)$, $e_3^0 = (0,x)$, $e_1^1 = (0,y)$.

7|1 $\mathbb{K}[x,y]/(x^2,y^2)$, $e_1^0 = 1$, $e_2^0 = x+y$, $e_3^0 = xy$, $e_1^1 = x-y$.

8|1 $\mathbb{K}[x,y]/(x^3,xy,y^2)$, $e_1^0 = 1$, $e_2^0 = x$, $e_3^0 = x^2$, $e_1^1 = y$.

8|2 $\mathbb{K}[x,y]/(x^3,xy,y^2)$, $e_1^0 = 1$, $e_2^0 = x^2$, $e_3^0 = y$, $e_1^1 = x$.

9|1 $\mathbb{K}[x,y,z]/(x,y,z)^2$, $e_1^0 = 1$, $e_2^0 = x$, $e_3^0 = y$, $e_1^1 = z$.

11|1 $\left\{ \begin{pmatrix} a & 0 & 0 & 0 \\ 0 & a & 0 & d \\ c & 0 & b & 0 \\ 0 & 0 & 0 & b \end{pmatrix} / a,b,c,d \in \mathbb{K} \right\}$, $e_1^0 = \begin{pmatrix} 1 & 0 & 0 & 0 \\ 0 & 1 & 0 & 0 \\ 0 & 0 & 0 & 0 \\ 0 & 0 & 0 & 1 \end{pmatrix}$, $e_2^0 = \begin{pmatrix} 1 & 0 & 0 & 0 \\ 0 & 1 & 0 & 0 \\ 0 & 0 & 0 & 0 \\ 0 & 0 & 0 & 0 \end{pmatrix}$,

$e_3^0 = \begin{pmatrix} 0 & 0 & 0 & 0 \\ 0 & 0 & 0 & 1 \\ 0 & 0 & 0 & 0 \\ 0 & 0 & 0 & 0 \end{pmatrix}$, $e_1^1 = \begin{pmatrix} 0 & 0 & 0 & 0 \\ 0 & 0 & 0 & 0 \\ 1 & 0 & 0 & 0 \\ 0 & 0 & 0 & 0 \end{pmatrix}$.

13|1 $\mathbb{K} \times \begin{pmatrix} \mathbb{K} & \mathbb{K} \\ 0 & \mathbb{K} \end{pmatrix} = \left\{ \left(a, \begin{pmatrix} b & c \\ 0 & d \end{pmatrix}\right) / a,b,c,d \in \mathbb{K} \right\}$, $e_1^0 = \left(1, \begin{pmatrix} 1 & 0 \\ 0 & 1 \end{pmatrix}\right)$,

$e_2^0 = \left(0, \begin{pmatrix} 1 & 0 \\ 0 & 0 \end{pmatrix}\right)$, $e_3^0 = \left(0, \begin{pmatrix} 0 & 0 \\ 0 & 1 \end{pmatrix}\right)$, $e_1^1 = \left(0, \begin{pmatrix} 0 & 1 \\ 0 & 0 \end{pmatrix}\right)$.

14|1 $\left\{ \begin{pmatrix} a & 0 & 0 \\ c & a & 0 \\ d & 0 & b \end{pmatrix} / a,b,c,d \in \mathbb{K} \right\}$, $e_1^0 = \begin{pmatrix} 1 & 0 & 0 \\ 0 & 1 & 0 \\ 0 & 0 & 1 \end{pmatrix}$, $e_2^0 = \begin{pmatrix} 1 & 0 & 0 \\ 0 & 1 & 0 \\ 0 & 0 & 0 \end{pmatrix}$,

$e_3^0 = \begin{pmatrix} 0 & 0 & 0 \\ 0 & 0 & 0 \\ 1 & 0 & 0 \end{pmatrix}$, $e_1^1 = \begin{pmatrix} 0 & 0 & 0 \\ 1 & 0 & 0 \\ 0 & 0 & 0 \end{pmatrix}$.

14|2 $\left\{ \begin{pmatrix} a & 0 & 0 \\ c & a & 0 \\ d & 0 & b \end{pmatrix} / a,b,c,d \in \mathbb{K} \right\}$, $e_1^0 = \begin{pmatrix} 1 & 0 & 0 \\ 0 & 1 & 0 \\ 0 & 0 & 1 \end{pmatrix}$, $e_2^0 = \begin{pmatrix} 1 & 0 & 0 \\ 0 & 1 & 0 \\ 0 & 0 & 0 \end{pmatrix}$,

$e_3^0 = \begin{pmatrix} 0 & 0 & 0 \\ 1 & 0 & 0 \\ 0 & 0 & 0 \end{pmatrix}$, $e_1^1 = \begin{pmatrix} 0 & 0 & 0 \\ 0 & 0 & 0 \\ 1 & 0 & 0 \end{pmatrix}$.

15|1 $\left\{ \begin{pmatrix} a & c & d \\ 0 & a & 0 \\ 0 & 0 & b \end{pmatrix} / a,b,c,d \in \mathbb{K} \right\}$, $e_1^0 = \begin{pmatrix} 1 & 0 & 0 \\ 0 & 1 & 0 \\ 0 & 0 & 1 \end{pmatrix}$, $e_2^0 = \begin{pmatrix} 1 & 0 & 0 \\ 0 & 1 & 0 \\ 0 & 0 & 0 \end{pmatrix}$,

$e_3^0 = \begin{pmatrix} 0 & 0 & 1 \\ 0 & 0 & 0 \\ 0 & 0 & 0 \end{pmatrix}$, $e_1^1 = \begin{pmatrix} 0 & 1 & 0 \\ 0 & 0 & 0 \\ 0 & 0 & 0 \end{pmatrix}$.

15|2 $\left\{ \begin{pmatrix} a & c & d \\ 0 & a & 0 \\ 0 & 0 & b \end{pmatrix} / a,b,c,d \in \mathbb{K} \right\}$, $e_1^0 = \begin{pmatrix} 1 & 0 & 0 \\ 0 & 1 & 0 \\ 0 & 0 & 1 \end{pmatrix}$, $e_2^0 = \begin{pmatrix} 1 & 0 & 0 \\ 0 & 1 & 0 \\ 0 & 0 & 0 \end{pmatrix}$,

$e_3^0 = \begin{pmatrix} 0 & 1 & 0 \\ 0 & 0 & 0 \\ 0 & 0 & 0 \end{pmatrix}$, $e_1^1 = \begin{pmatrix} 0 & 0 & 0 \\ 0 & 0 & 0 \\ 1 & 0 & 0 \end{pmatrix}$.

17|1 $\left\{ \begin{pmatrix} a & 0 & 0 \\ 0 & a & 0 \\ c & d & b \end{pmatrix} / a,b,c,d \in \mathbb{K} \right\}$, $e_1^0 = \begin{pmatrix} 1 & 0 & 0 \\ 0 & 1 & 0 \\ 0 & 0 & 1 \end{pmatrix}$, $e_2^0 = \begin{pmatrix} 1 & 0 & 0 \\ 0 & 1 & 0 \\ 0 & 0 & 0 \end{pmatrix}$,

$e_3^0 = \begin{pmatrix} 0 & 0 & 0 \\ 0 & 0 & 0 \\ 1 & 0 & 0 \end{pmatrix}$, $e_1^1 = \begin{pmatrix} 0 & 0 & 0 \\ 0 & 0 & 0 \\ 0 & 1 & 0 \end{pmatrix}$.

Ensuite, on donne le groupe d'automorphismes de chaque super-algèbre.

Proposition 4.0.8 *Pour chaque super-algèbre de dimension* 4 *où* $\dim A_0 = 3$, *le groupe d'automorphismes associé est donné par le tableau suivant :*

Super-algèbres	Automorphismes de Super-algèbre
$1\|1$	$\left\langle \begin{pmatrix} 1 & 0 & 0 & 0 \\ 0 & 1 & 0 & 0 \\ 0 & 0 & 1 & 0 \\ 0 & 0 & 0 & -1 \end{pmatrix}, \begin{pmatrix} 1 & 1 & 0 & 0 \\ 0 & -1 & 0 & 0 \\ 0 & -1 & 1 & 0 \\ 0 & 0 & 0 & -1 \end{pmatrix} \right\rangle$
$2\|1$ et $13\|1$	$\left\{ \begin{pmatrix} 1 & 0 & 0 & 0 \\ 0 & 1 & 0 & 0 \\ 0 & 0 & 1 & 0 \\ 0 & 0 & 0 & \alpha \end{pmatrix}, où\ \alpha \in \mathbb{K}^* \right\}$
$2\|2$	$\left\{ \begin{pmatrix} 1 & 0 & 0 & 0 \\ 0 & 1 & 0 & 0 \\ 0 & 0 & \alpha & 0 \\ 0 & 0 & 0 & \pm 1 \end{pmatrix}, où\ \alpha \in \mathbb{K}^* \right\}$
$3\|1,\ 6\|1,\ 11\|1,\ 14\|1,\ 14\|2,\ 15\|1,\ 15\|2$ et $17\|1$	$\left\{ \begin{pmatrix} 1 & 0 & 0 & 0 \\ 0 & 1 & 0 & 0 \\ 0 & 0 & \alpha & 0 \\ 0 & 0 & 0 & \beta \end{pmatrix}, où\ (\alpha, \beta) \in (\mathbb{K}^*)^2 \right\}$
$4\|1$	$\left\{ \begin{pmatrix} 1 & 0 & 0 & 0 \\ 0 & 1 & 0 & 0 \\ 0 & 0 & \alpha^2 & 0 \\ 0 & 0 & 0 & \alpha \end{pmatrix}, où\ \alpha \in \mathbb{K}^* \right\}$
$7\|1$	$\left\{ \begin{pmatrix} 1 & 0 & 0 & 0 \\ 0 & \alpha & 0 & 0 \\ 0 & 0 & \alpha^2 & 0 \\ 0 & 0 & 0 & -\alpha \end{pmatrix}, où\ \alpha \in \mathbb{K}^* \right\}$
$8\|1$	$\left\{ \begin{pmatrix} 1 & 0 & 0 & 0 \\ 0 & \alpha & 0 & 0 \\ 0 & 0 & \alpha^2 & 0 \\ 0 & 0 & 0 & \beta \end{pmatrix}, où\ (\alpha, \beta) \in (\mathbb{K}^*)^2 \right\}$
$8\|2$	$\left\{ \begin{pmatrix} 1 & 0 & 0 & 0 \\ 0 & \alpha^2 & 0 & 0 \\ 0 & 0 & \beta & 0 \\ 0 & 0 & 0 & \alpha \end{pmatrix}, où\ (\alpha, \beta) \in (\mathbb{K}^*)^2 \right\}$
$9\|1$	$\left\{ \begin{pmatrix} 1 & 0 & 0 & 0 \\ 0 & \alpha & 0 & 0 \\ 0 & 0 & \beta & 0 \\ 0 & 0 & 0 & \gamma \end{pmatrix}, où\ (\alpha, \beta, \gamma) \in (\mathbb{K}^*)^3 \right\}$

Démonstration 4.0.6.1 *On donne ici, la preuve pour la première super-algèbre* $1|1$. *Pour le reste des super-algèbres, la méthode est similaire. Soit f un endomorphisme de super-algèbre. On pose*

$$f(e_1^0) = e_1^0; \; f(e_2^0) = \lambda_{(2,0)}^1 e_1^0 + \lambda_{(2,0)}^2 e_2^0 + \lambda_{(2,0)}^3 e_3^0;$$
$$f(e_3^0) = \lambda_{(3,0)}^1 e_1^0 + \lambda_{(3,0)}^2 e_2^0 + \lambda_{(3,0)}^3 e_3^0; \; f(e_1^1) = \lambda_{(1,1)}^1 e_1^1.$$

L'application f satisfait les conditions suivantes

$$\mu_{1|1} \circ f \otimes f = f \circ \mu_{1|1}, \qquad (4.0.1)$$

qu'on applique à $e_1^1 \otimes e_1^1$.
On obtient alors, d'un côté

$$\mu_{1|1} \circ f \otimes f(e_1^1 \otimes e_1^1) = \mu_{1|1}(\lambda_{(1,1)}^1 e_1^1) \otimes (\lambda_{(1,1)}^1 e_1^1) = (\lambda_{(1,1)}^1)^2 e_3^0,$$

et de l'autre côté

$$f \circ \mu_{1|1}(e_1^1 \otimes e_1^1) = f(e_3^0) = \lambda_{(3,0)}^1 e_1^0 + \lambda_{(3,0)}^2 e_2^0 + \lambda_{(3,0)}^3 e_3^0.$$

par identification on obtient $\lambda_{(3,0)}^1 = \lambda_{(3,0)}^2 = 0$ *et* $\lambda_{(3,0)}^3 = (\lambda_{(1,1)}^1)^2$.
L'application de l'identité (4.0.1) à $e_2^0 \otimes e_3^0$ *et* $e_3^0 \otimes e_3^0$, *mène à*

$$\lambda_{(2,0)}^1 + \lambda_{(2,0)}^3 = 0 \quad et \quad (\lambda_{(3,0)}^3)^2 = \lambda_{(3,0)}^3.$$

Puisque $\lambda_{(1,1)}^1 \neq 0$ *(f est bijective), on a* $\lambda_{(3,0)}^3 = 1$. *En plus, on a*

$$\lambda_{(1,1)}^1 = \pm 1, \; (\lambda_{(2,0)}^1)^2 = \lambda_{(2,0)}^1,$$
$$(\lambda_{(2,0)}^2)^2 + 2\lambda_{(2,0)}^1 \lambda_{(2,0)}^2 = \lambda_{(2,0)}^2,$$
$$(\lambda_{(2,0)}^3)^2 + 2\lambda_{(2,0)}^1 \lambda_{(2,0)}^3 = \lambda_{(2,0)}^3.$$

ce qui nous donne deux solutions :

$$(\lambda_{(2,0)}^1 = 0, \; \lambda_{(2,0)}^2 = 1, \; \lambda_{(2,0)}^3 = 0) \quad ou \quad (\lambda_{(2,0)}^1 = 1, \; \lambda_{(2,0)}^2 = 1, \; \lambda_{(2,0)}^3 = -1).$$

D'où, on a deux possibilités d'automorphismes de super-algèbres avec la multiplication $\mu_{1|1}$ qui est définie comme suit :
cas 1 $f(e_1^0) = e_1^0; \; f(e_2^0) = e_2^0; \; f(e_3^0) = e_3^0; \; f(e_1^1) = \pm e_1^1.$
cas 2 $f(e_1^0) = e_1^0; \; f(e_2^0) = e_1^0 - e_2^0 - e_3^0; \; f(e_3^0) = e_3^0; \; f(e_1^1) = \pm e_1^1.$

4.0.7 Super-bialgèbres et super-algèbre de Hopf avec $\dim(A_0) = 3$

Nous cherchons toutes les super-bialgèbres possibles qu'on peut obtenir à partir d'une super-algèbre fixée. Le calcul est fait par l'utilisation d'un logiciel de calcul formel Mathematica. Notons par $A^k_{i|j}$ la super-bialgèbre $(A, \mu_{i|j}, \eta, \Delta^k_{i|j}, \varepsilon^k_{i|j})$. Dans le soucis de simplification, nous changeons les variables pour les super-algèbres $A_{1|1}$, $A_{2|1}$, $A_{6|1}$, $A_{13|1}$. Pour la super-algèbre $A_{1|1}$ nous changeons les variables comme mentionné dans la proposition 4.0.10 et dans la preuve de la proposition 6.1.5. Pour $A_{2|1}$ et $A_{13|1}$, on utilise le changement de variables suivant, on pose $x = e_2^0 - e_3^0$, $y = e_1^1$. Et pour $A_{6|1}$, on pose $x = e_2^0 + e_3^0$, $y = e_1^1$. Vu la multiplication de chaque super-algèbre, on obtient que $A_{2|1} \cong \mathbb{K}[x,y]/(x^3 - x, xy, y^2)$, $A_{6|1} \cong \mathbb{K}[x,y]/(x^3 - x^2, xy, y^2)$, $A_{13|1} \cong \mathbb{K}\langle x,y\rangle/(x^3 - x, xy + yx, xy - y, y^2)$. Pour les super-algèbres qui restent, on change juste les notations des vecteurs de base. On considère la base $\{1 = e_1^0,\ x = e_2^0,\ y = e_3^0,\ z = e_1^1\}$.

Super-algèbre $A_{1|1} \cong \mathbb{K}[x,y]/(x^2 + y^2 - 1, xy)$ avec $\deg(x) = 0$ et $\deg(y) = 1$, on a

1. $A^1_{1|1}$ avec $\Delta^1_{1|1}(x) = \frac{1}{2}(x \otimes 1 + x^2 \otimes 1 + x^2 \otimes x - x \otimes x)$,
   $\Delta^1_{1|1}(y) = y \otimes 1 + \frac{1}{2}x^2 \otimes y - \frac{1}{2}x \otimes y$, $\varepsilon^1_{1|1}(x) = -1$.

2. $A^2_{1|1}$ avec $\Delta^2_{1|1}(x) = x \otimes x - \alpha y \otimes y$, $\Delta^2_{1|1}(y) = x \otimes y + y \otimes x$, $\varepsilon^2_{1|1}(x) = 1$, où α la racine primitive 4ième de l'unité dans $\mathbb{K}$.

3. $A^3_{1|1}$ avec $\Delta^3_{1|1}(x) = x \otimes x$, $\Delta^3_{1|1}(y) = 1 \otimes y + y \otimes x$, $\varepsilon^3_{1|1}(x) = 1$.

4. $A^4_{1|1}$ avec $\Delta^4_{1|1}(x) = \frac{1}{2}(x^2 \otimes x^2 + x \otimes x^2 + x^2 \otimes x - x \otimes x)$,
   $\Delta^4_{1|1}(y) = 1 \otimes y + y \otimes x^2$, $\varepsilon^4_{1|1}(x) = -1$.

5. $A^5_{1|1}$ avec $\Delta^5_{1|1}(x) = \frac{1}{2}(x \otimes 1 + 1 \otimes x - 1 \otimes x^2 - x^2 \otimes 1 + x^2 \otimes x^2 + x \otimes x)$,
   $\Delta^5_{1|1}(y) = y \otimes 1 + \frac{1}{2}(y \otimes x + x \otimes y - y \otimes x^2 + x^2 \otimes y)$, $\varepsilon^5_{1|1}(x) = 1$.

6. $A^6_{1|1}$ avec $\Delta^6_{1|1}(x) = \frac{1}{2}(x \otimes x + x \otimes x^2 + x^2 \otimes x - x^2 \otimes x^2)$,
   $\Delta^6_{1|1}(y) = 1 \otimes y + y \otimes x^2$, $\varepsilon^6_{1|1}(x) = 1$.

7. $A^7_{1|1}$ avec $\Delta^7_{1|1}(x) = -1 \otimes 1 + \frac{1}{2}(x \otimes x + x \otimes 1 + 1 \otimes x + 1 \otimes x^2 + x^2 \otimes 1 - x^2 \otimes x^2)$,
   $\Delta^7_{1|1}(y) = \frac{1}{2}(x \otimes y + y \otimes x + x^2 \otimes y + y \otimes x^2)$, $\varepsilon^7_{1|1}(x) = 1$.

8. $A^8_{1|1}$ avec $\Delta^8_{1|1}(x) = x \otimes x$, $\Delta^8_{1|1}(y) = y \otimes 1 + x^2 \otimes y$, $\varepsilon^8_{1|1}(x) = 1$.

9. $A^9_{1|1} = (A^4_{1|1})^{cop}$, $A^{10}_{1|1} = (A^1_{1|1})^{cop}$, $A^{11}_{1|1} = (A^3_{1|1})^{cop}$, $A^{12}_{1|1} = (A^5_{1|1})^{cop}$.

Super-algèbre $A_{2|1} \cong \mathbb{K}[x,y]/(x^3 - x, y^2, xy)$ avec $\deg(x) = 0$ et $\deg(y) = 1$, $\varepsilon^k_{2|1}(x) = 1$ pour $k = 1, \ldots, 22$.

1. $A^k_{2|1}$ avec $\Delta^k_{2|1}(x) = x \otimes x$ pour $k = 1, \ldots, 5$

CHAPITRE 4. CLASSIFICATION DE SUPER-BIALGÈBRES ET DE SUPER-ALGÈBRES DE HOPF DE DIMENSION 4   51

- $\Delta_{2|1}^1(y) = y \otimes x + x \otimes y.$
- $\Delta_{2|1}^2(y) = x \otimes y + y \otimes x^2.$
- $\Delta_{2|1}^3(y) = y \otimes x^2 + x^2 \otimes y.$
- $\Delta_{2|1}^4(y) = 1 \otimes y + y \otimes x.$
- $\Delta_{2|1}^5(y) = 1 \otimes y + y \otimes x^2.$

2. $A_{2|1}^6$ avec $\Delta_{2|1}^6(x) = \frac{1}{2}(x \otimes 1 + x \otimes x + x^2 \otimes x - x^2 \otimes 1),$
   $\Delta_{2|1}^6(y) = \frac{1}{2}(y \otimes x + x \otimes y + x^2 \otimes y + y \otimes x^2).$

3. $A_{2|1}^7$ avec $\Delta_{2|1}^7(x) = \frac{1}{4}(3x \otimes x + x \otimes x^2 + x^2 \otimes x - x^2 \otimes x^2),$
   $\Delta_{2|1}^7(y) = \frac{1}{2}y \otimes x + \frac{1}{2}x \otimes y + \frac{1}{2}x^2 \otimes y + \frac{1}{2}y \otimes x^2.$

4. $A_{2|1}^8$ avec $\Delta_{2|1}^8(x) = \frac{1}{4}(3x \otimes x + x \otimes x^2 + x^2 \otimes x - x^2 \otimes x^2),$
   $\Delta_{2|1}^8(y) = 1 \otimes y + \frac{1}{2}y \otimes x + \frac{1}{2}y \otimes x^2.$

5. $A_{2|1}^9$ avec $\Delta_{2|1}^9(x) = \frac{1}{2}(\frac{3}{2}x^2 \otimes x^2 - \frac{1}{2}x^2 \otimes x - \frac{1}{2}x \otimes x^2 + \frac{3}{2}x \otimes x + 1 \otimes x - x \otimes 1 - x^2 \otimes 1 - 1 \otimes x^2),$ $\Delta_{2|1}^9(y) = \frac{1}{2}(y \otimes x + x \otimes y + x^2 \otimes y + y \otimes x^2).$

6. $A_{2|1}^{10}$ avec $\Delta_{2|1}^{10}(x) = \frac{1}{2}(x^2 \otimes x^2 + x \otimes x + 1 \otimes x + x \otimes 1 - 1 \otimes x^2 - x^2 \otimes 1),$
   $\Delta_{2|1}^{10}(y) = \frac{1}{2}(y \otimes x + x \otimes y + x^2 \otimes y + y \otimes x^2).$

7. $A_{2|1}^{11}$ avec $\Delta_{2|1}^{11}(x) = \frac{1}{2}(x^2 \otimes x^2 + x \otimes x + 1 \otimes x + x \otimes 1 - 1 \otimes x^2 - x^2 \otimes 1),$
   $\Delta_{(2|1)}^{11}(y) = 1 \otimes y + \frac{1}{2}(y \otimes x + x \otimes y + y \otimes x^2 - x^2 \otimes y).$

8. $A_{2|1}^{12}$ avec $\Delta_{2|1}^{12}(x) = \frac{1}{2}(x \otimes x^2 + x \otimes x + 1 \otimes x - 1 \otimes x^2),$
   $\Delta_{2|1}^{12}(y) = 1 \otimes y + \frac{1}{2}(y \otimes x^2 + y \otimes x).$

9. $A_{2|1}^{13}$ avec $\Delta_{2|1}^{13}(x) = -1 \otimes 1 + \frac{1}{2}(x \otimes x + x \otimes 1 + 1 \otimes x + 1 \otimes x^2 + x^2 \otimes 1 - x^2 \otimes x^2),$
   $\Delta_{2|1}^{13}(y) = \frac{1}{2}(y \otimes x + x \otimes y + x^2 \otimes y + y \otimes x^2).$

10. $A_{2|1}^{14}$ avec $\Delta_{2|1}^{14}(x) = 1 \otimes x + x \otimes 1 - x \otimes x - x^2 \otimes x - x \otimes x^2,$
    $\Delta_{2|1}^{14}(y) = y \otimes 1 + 1 \otimes y - x^2 \otimes y - y \otimes x^2.$

11. $A_{2|1}^{15}$ avec $\Delta_{2|1}^{15}(x) = 1 \otimes x + x \otimes 1 - x^2 \otimes x,$ $\Delta_{2|1}^{15}(y) = y \otimes 1 + 1 \otimes y - x^2 \otimes y - y \otimes x^2.$

12. $A_{2|1}^{16}$ avec $\Delta_{2|1}^{16}(x) = 1 \otimes x + x \otimes 1 + \frac{1}{2}(-x \otimes x - x \otimes x^2 - x^2 \otimes x + x^2 \otimes x^2),$
    $\Delta_{2|1}^{16}(y) = y \otimes 1 + 1 \otimes y - x^2 \otimes y - y \otimes x^2.$

13. $A_{2|1}^{17}$ avec $\Delta_{2|1}^{17}(x) = 1 \otimes x + x \otimes 1 - x \otimes x^2 - x^2 \otimes x + x^2 \otimes x^2,$
    $\Delta_{2|1}^{17}(y) = y \otimes 1 + 1 \otimes y - x^2 \otimes y - y \otimes x^2.$

14. $A_{2|1}^{18}$ avec $\Delta_{2|1}^{18}(x) = -1 \otimes 1 + 1 \otimes x^2 + x^2 \otimes 1 + \frac{1}{2}(x \otimes x + x \otimes x^2 + x^2 \otimes x - 3x^2 \otimes x^2),$
    $\Delta_{2|1}^{18}(y) = \frac{1}{2}y \otimes x + \frac{1}{2}x \otimes y + \frac{1}{2}x^2 \otimes y + \frac{1}{2}y \otimes x^2.$

15. $A_{2|1}^{19}$ avec $\Delta_{2|1}^{19}(x) = \frac{1}{2}(x \otimes x + x \otimes x^2 + x^2 \otimes x - x^2 \otimes x^2),$ $\Delta_{2|1}^{19}(y) = 1 \otimes y + y \otimes x^2.$

16. $A_{2|1}^{20} = (A_{2|1}^{15})^{cop}$, $A_{2|1}^{21} = (A_{2|1}^{2})^{cop}$, $A_{2|1}^{22} = (A_{2|1}^{6})^{cop}$.

Super-algèbre $A_{4|1}$, on a $\Delta_{4|1}^{k}(x) = x \otimes x$, $\varepsilon_{4|1}^{k}(x) = 1$, $\varepsilon_{4|1}^{k}(y) = 0$ pour $k = 1, \ldots, 3$.

1. $A_{4|1}^{1}$ avec $\Delta_{4|1}^{1}(y) = x \otimes y + y \otimes x$, $\Delta_{4|1}^{1}(z) = x \otimes z + z \otimes x$.
2. $A_{4|1}^{2}$ avec $\Delta_{4|1}^{2}(y) = x \otimes y + y \otimes 1$, $\Delta_{4|1}^{2}(z) = z \otimes 1 + x \otimes z$.
3. $A_{4|1}^{3} = (A_{4|1}^{2})^{cop}$.

Super-algèbre $A_{6|1} \cong \mathbb{K}[x,y]/(x^3 - x^2, y^2 - xy)$ avec $\deg(x) = 0$ et $\deg(y) = 1$, on a $\varepsilon_{6|1}^{k}(x) = 1$ pour $k = 1, \ldots, 18$.

1. $A_{6|1}^{1}$ avec $\Delta_{6|1}^{1}(x) = x \otimes x^2 + x^2 \otimes x - x^2 \otimes x^2$, $\Delta_{6|1}^{1}(y) = y \otimes x^2 + x^2 \otimes y$.
2. $A_{6|1}^{2}$ avec $\Delta_{6|1}^{2}(x) = x \otimes x^2 + x^2 \otimes x - x^2 \otimes x^2 + y \otimes y$, $\Delta_{6|1}^{2}(y) = y \otimes x^2 + x^2 \otimes y$.
3. $A_{6|1}^{k}$ avec $\Delta_{6|1}^{k}(x) = x \otimes x$ pour $k = 3, \ldots, 8$ et

   - $\Delta_{6|1}^{3}(y) = x \otimes y + y \otimes x$,
   - $\Delta_{6|1}^{4}(y) = y \otimes x^2 + x \otimes y$,
   - $\Delta_{6|1}^{5}(y) = y \otimes x^2 + x^2 \otimes y$,
   - $\Delta_{6|1}^{6}(y) = y \otimes 1 + x \otimes y$,
   - $\Delta_{6|1}^{7}(y) = y \otimes 1 + x^2 \otimes y$,
   - $\Delta_{6|1}^{8}(y) = 1 \otimes y + y \otimes 1$.

4. $A_{6|1}^{9}$ avec $\Delta_{6|1}^{9}(x) = x \otimes x + y \otimes y$, $\Delta_{6|1}^{9}(y) = x \otimes y + y \otimes x$.
5. $A_{6|1}^{10}$ avec $\Delta_{6|1}^{10}(x) = x \otimes 1 - x^2 \otimes 1 + x^2 \otimes x$, $\Delta_{6|1}^{10}(y) = y \otimes x^2 + x^2 \otimes y$.
6. $A_{6|1}^{11}$ avec $\Delta_{6|1}^{11}(x) = x \otimes x^2 + x^2 \otimes x - x^2 \otimes x^2$, $\Delta_{6|1}^{11}(y) = y \otimes 1 + x^2 \otimes y$.
7. $A_{6|1}^{12}$ avec $\Delta_{6|1}^{12}(x) = x \otimes 1 - x^2 \otimes 1 + x^2 \otimes x$, $\Delta_{6|1}^{12}(y) = x^2 \otimes y + y \otimes 1$.
8. $A_{6|1}^{13} = (A_{6|1}^{4})^{cop}$, $A_{6|1}^{14} = (A_{6|1}^{11})^{cop}$, $A_{6|1}^{15} = (A_{6|1}^{6})^{cop}$, $A_{6|1}^{16} = (A_{6|1}^{5})^{cop}$, $A_{6|1}^{17} = (A_{6|1}^{12})^{cop}$, $A_{6|1}^{18} = (A_{6|1}^{10})^{cop}$.

Super-algèbre $A_{13|1} \cong \mathbb{K}\langle x, y\rangle/(x^3 - x, y^2, xy + yx, xy - y)$ avec $\deg(x) = 0$ et $\deg(y) = 1$, on a $\varepsilon_{13|1}^{k}(x) = 0$ pour $k = 1, \ldots, 11$ et $\varepsilon_{13|1}^{k}(x) = 1$ pour $k = 12, \ldots, 21$.

1. $A_{13|1}^{1}$ avec $\Delta_{13|1}^{1}(x) = 1 \otimes x + x \otimes 1 - x^2 \otimes x$, $\Delta_{13|1}^{1}(y) = 1 \otimes y + y \otimes 1 - x^2 \otimes y - y \otimes x^2$.
2. $A_{13|1}^{2}$ avec $\Delta_{13|1}^{2}(x) = 1 \otimes x + x \otimes 1 + \frac{1}{2} x \otimes x - \frac{1}{2} x \otimes x^2 - \frac{1}{2} x^2 \otimes x - \frac{1}{2} x^2 \otimes x^2$, $\Delta_{13|1}^{2}(y) = 1 \otimes y + y \otimes 1 - x^2 \otimes y - y \otimes x^2$.
3. $A_{13|1}^{3}$ avec $\Delta_{13|1}^{3}(x) = 1 \otimes x + x \otimes 1 + \frac{1}{2} x \otimes x - \frac{1}{2} x \otimes x^2 - \frac{1}{2} x^2 \otimes x - \frac{1}{2} x^2 \otimes x^2$, $\Delta_{13|1}^{3}(y) = 1 \otimes y + y \otimes 1$.
4. $A_{13|1}^{4}$ avec $\Delta_{13|1}^{4}(x) = 1 \otimes x + x \otimes 1 + -x^2 \otimes x - x^2 \otimes x^2$, $\Delta_{13|1}^{4}y) = 1 \otimes y + y \otimes 1 - y \otimes x^2 - x^2 \otimes y$.

CHAPITRE 4. CLASSIFICATION DE SUPER-BIALGÈBRES ET DE SUPER-ALGÈBRES DE HOPF DE DIMENSION 4
53

5. $A_{13|1}^5$ avec $\Delta_{13|1}^5(x) = 1 \otimes x + x \otimes 1 - \frac{1}{2}x \otimes x - \frac{1}{2}x \otimes x^2 - \frac{1}{2}x^2 \otimes x + \frac{1}{2}x^2 \otimes x^2$,
$\Delta_{13|1}^5(y) = 1 \otimes y + y \otimes 1 - \frac{1}{2}x \otimes y - \frac{1}{2}y \otimes x - \frac{1}{2}x^2 \otimes y - \frac{1}{2}y \otimes x^2$.

6. $A_{13|1}^6$ avec $\Delta_{13|1}^6(x) = 1 \otimes x + x \otimes 1 - \frac{1}{2}x \otimes x - \frac{1}{2}x \otimes x^2 - \frac{1}{2}x^2 \otimes x + \frac{1}{2}x^2 \otimes x^2 - 2y \otimes y$, $\Delta_{13|1}^6(y) = 1 \otimes y + y \otimes 1 - \frac{1}{2}x \otimes y - \frac{1}{2}y \otimes x - \frac{1}{2}x^2 \otimes y - \frac{1}{2}y \otimes x^2$.

7. $A_{13|1}^7$ avec $\Delta_{13|1}^7(x) = 1 \otimes x + x \otimes 1 - \frac{1}{2}x \otimes x - \frac{1}{2}x \otimes x^2 + \frac{1}{2}x^2 \otimes x^2 - x^2 \otimes x$,
$\Delta_{13|1}^7(y) = 1 \otimes y + y \otimes 1 - \frac{1}{2}x \otimes y - \frac{1}{2}x^2 \otimes y - y \otimes x^2$.

8. $A_{13|1}^8$ avec $\Delta_{13|1}^8(x) = 1 \otimes x + x \otimes 1 - x \otimes x^2$, $\Delta_{13|1}^8(y) = 1 \otimes y + y \otimes 1 - x^2 \otimes y - y \otimes x^2$.

9. $A_{13|1}^9$ avec $\Delta_{13|1}^9(x) = 1 \otimes x + x \otimes 1 - x \otimes x^2$, $\Delta_{13|1}^9(y) = y \otimes 1 + 1 \otimes y - y \otimes x^2$.

10. $A_{13|1}^{10} = (A_{13|1}^9)^{cop}$.

11. $A_{13|1}^{11}$ avec $\Delta_{13|1}^{11}(x) = 1 \otimes x + x \otimes 1 - x \otimes x - x \otimes x^2 - x^2 \otimes x$,
$\Delta_{13|1}^{11}(y) = 1 \otimes y + y \otimes 1 - x^2 \otimes y - y \otimes x^2$.

12. $A_{13|1}^{12}$ avec $\Delta_{13|1}^{12}(x) = \frac{1}{2}1 \otimes x + \frac{1}{2}x \otimes 1 - \frac{1}{2}1 \otimes x^2 - \frac{1}{2}x^2 \otimes 1 - \frac{1}{4}x \otimes x^2 - \frac{1}{4}x^2 \otimes x + \frac{3}{4}x \otimes x + \frac{3}{4}x^2 \otimes x^2$, $\Delta_{13|1}^{12}(y) = \frac{1}{2}x \otimes y + \frac{1}{2}y \otimes x + \frac{1}{2}x^2 \otimes y + \frac{1}{2}y \otimes x^2$.

13. $A_{13|1}^k$ avec $\Delta_{13|1}^k(y) = \frac{1}{2}x \otimes y + \frac{1}{2}y \otimes x + \frac{1}{2}x^2 \otimes y + \frac{1}{2}y \otimes x^2$ pour $k = 13, \ldots, 21$.
    - $\Delta_{13|1}^{13}(x) = x \otimes x$.
    - $\Delta_{13|1}^{14}(x) = \frac{1}{2}x \otimes x + \frac{1}{2}x \otimes x^2 + \frac{1}{2}x^2 \otimes x - \frac{1}{2}x^2 \otimes x^2 + 2y \otimes y$.
    - $\Delta_{13|1}^{15}(x) = \frac{1}{2}x \otimes x + \frac{1}{2}x^2 \otimes x + \frac{1}{2}x \otimes 1 - \frac{1}{2}x^2 \otimes 1$.
    - $\Delta_{13|1}^{16}(x) = \frac{1}{2}1 \otimes x + \frac{1}{2}x \otimes 1 - \frac{1}{2}1 \otimes x^2 - \frac{1}{2}x^2 \otimes 1 + \frac{1}{2}x \otimes x + \frac{1}{2}x^2 \otimes x^2$.
    - $\Delta_{13|1}^{17}(x) = \frac{3}{4}x \otimes x + \frac{1}{4}x \otimes x^2 + \frac{1}{4}x^2 \otimes x - \frac{1}{4}x^2 \otimes x^2$.
    - $\Delta_{13|1}^{18}(x) = -1 \otimes 1 + \frac{1}{2}x \otimes x + 1 \otimes x^2 + x^2 \otimes 1 + \frac{1}{2}x \otimes x^2 + \frac{1}{2}x^2 \otimes x - \frac{3}{2}x^2 \otimes x^2$.
    - $\Delta_{13|1}^{19}(x) = -1 \otimes 1 + \frac{1}{2}x \otimes x + 1 \otimes x^2 + x^2 \otimes 1 + \frac{1}{2}x \otimes x^2 + \frac{1}{2}x^2 \otimes x - \frac{3}{2}x^2 \otimes x^2 + 2y \otimes y$.
    - $\Delta_{13|1}^{20}(x) = -1 \otimes 1 + \frac{1}{2}x \otimes x + \frac{1}{2}1 \otimes x^2 + \frac{1}{2}x^2 \otimes 1 + \frac{1}{2}x \otimes x^2 + \frac{1}{2}x^2 \otimes x - \frac{3}{2}x^2 \otimes x^2$.

14. $A_{13|1}^{21} = (A_{13|1}^{15})^{cop}$.

Super-algèbre $A_{14|1}$, on a $\varepsilon_{14|1}^k(x) = 0$, $\varepsilon_{14|1}^k(y) = 0$ pour $k = 1, \ldots, 9$.

1. $A_{14|1}^k$ avec $\Delta_{14|1}^k(x) = 1 \otimes x + x \otimes 1 - x \otimes x$ pour $k = 1, \ldots, 6$.
    - $\Delta_{14|1}^1(y) = 1 \otimes y + y \otimes 1 - x \otimes y - y \otimes x$, $\Delta_{14|1}^1(z) = 1 \otimes z + z \otimes 1$.
    - $\Delta_{14|1}^2(y) = 1 \otimes y + y \otimes 1 - x \otimes y - y \otimes x$, $\Delta_{14|1}^2(z) = 1 \otimes z + z \otimes 1 - x \otimes z$.
    - $\Delta_{14|1}^3(y) = 1 \otimes y + y \otimes 1 - x \otimes y - y \otimes x + y \otimes y$, $\Delta_{14|1}^3(z) = 1 \otimes z + z \otimes 1 - x \otimes z$.
    - $\Delta_{14|1}^4(y) = 1 \otimes y + y \otimes 1 - x \otimes y - y \otimes x$, $\Delta_{14|1}^4(z) = 1 \otimes z + z \otimes 1 - x \otimes z - z \otimes x$.
    - $\Delta_{14|1}^5(y) = 1 \otimes y + y \otimes 1 - x \otimes y - y \otimes x + y \otimes y$, $\Delta_{14|1}^5(z) = 1 \otimes z + z \otimes 1 - x \otimes z - z \otimes x + z \otimes y$.

- $\Delta^6_{14|1}(y) = 1 \otimes y + y \otimes 1 - x \otimes z - z \otimes x + y \otimes y$, $\Delta^6_{14|1}(z) = 1 \otimes z + z \otimes 1 - x \otimes z - z \otimes x$.

2. $A^7_{14|1}$ avec $\Delta^7_{14|1}(x) = 1 \otimes x + x \otimes 1 - x \otimes x + y \otimes y$,
$\Delta^7_{14|1}(y) = 1 \otimes y + y \otimes 1 - x \otimes y - y \otimes x + y \otimes y$, $\Delta^7_{14|1}(z) = 1 \otimes z + z \otimes 1$.

3. $A^8_{14|1} = (A^2_{14|1})^{cop}$, $A^9_{14|1} = (A^3_{14|1})^{cop}$.

Super-algèbre $A_{14|2}$, on a $\varepsilon^k_{14|2}(x) = 0$ et $\varepsilon^k_{14|2}(y) = 0$ pour $k = 1, \ldots, 4$.

1. $A^1_{14|2}$ avec $\Delta^1_{14|2}(x) = 1 \otimes x + x \otimes 1 - x \otimes x$, $\Delta^1_{14|2}(y) = 1 \otimes y + y \otimes 1 - y \otimes z - z \otimes x$,
$\Delta^1_{14|2}(z) = 1 \otimes z + z \otimes 1 - z \otimes x - x \otimes z$.

2. $A^2_{14|2}$ avec $\Delta^2_{14|2}(x) = 1 \otimes x + x \otimes 1 - x \otimes x$, $\Delta^2_{14|2}(y) = 1 \otimes y + y \otimes 1 - x \otimes y$,
$\Delta^2_{14|2}(z) = 1 \otimes z + z \otimes 1 - x \otimes z - z \otimes x$.

3. $A^3_{14|2}$ avec $\Delta^3_{14|2}(x) = 1 \otimes x + x \otimes 1 - x \otimes x$, $\Delta^3_{14|2}(y) = 1 \otimes y + y \otimes 1 - x \otimes y - y \otimes x + y \otimes y$, $\Delta^3_{14|2}(z) = 1 \otimes z + z \otimes 1 - z \otimes x - x \otimes z$.

4. $A^4_{14|2} = (A^2_{14|2})^{cop}$.

Super-algèbre $A_{15|1}$, on a $A^1_{15|1} = (A^1_{14|1})^{op}$, $A^2_{15|1} = (A^2_{14|1})^{op}$,
$A^3_{15|1} = (A^5_{14|1})^{op}$, $A^4_{15|1} = (A^9_{14|1})^{op}$, $A^5_{15|1} = (A^6_{14|1})^{op}$, $A^6_{15|1} = (A^3_{14|1})^{op}$,
$A^7_{15|1} = (A^4_{14|1})^{op}$, $A^8_{15|1} = (A^7_{14|1})^{op}$, $A^9_{15|1} = (A^4_{14|1})^{op,cop}$.

Super-algèbre $A_{15|2}$, on a $A^1_{15|2} = (A^1_{14|2})^{op}$, $A^2_{15|2} = (A^4_{14|2})^{op}$,
$A^3_{15|2} = (A^2_{14|2})^{op}$, $A^4_{15|2} = (A^3_{14|2})^{op}$.

Super-algèbre $A_{17|1}$, on a $\varepsilon^k_{17|1}(x) = 1$ et $\varepsilon^k_{17|1}(y) = 0$ pour $k = 1, \ldots, 11$.

1. $A^1_{17|1}$ avec $\Delta^1_{17|1}(x) = x \otimes x + y \otimes y + z \otimes z$, $\Delta^1_{17|1}(y) = x \otimes y + y \otimes x + z \otimes z$,
$\Delta^1_{17|1}(z) = x \otimes z + z \otimes x + z \otimes y + y \otimes z$.

2. $A^2_{17|1}$ avec $\Delta^2_{17|1}(x) = x \otimes x + z \otimes z$, $\Delta^2_{17|1}(y) = x \otimes y + y \otimes x$, $\Delta^2_{17|1}(z) = z \otimes x + x \otimes z$.

3. $A^3_{17|1}$ avec $\Delta^3_{17|1}(x) = x \otimes x + z \otimes z$, $\Delta^3_{17|1}(y) = x \otimes y + y \otimes x + z \otimes z - y \otimes y$,
$\Delta^3_{17|1}(z) = z \otimes x + x \otimes z$.

4. $A^4_{17|1}$ avec $\Delta^4_{17|1}(x) = x \otimes x + y \otimes y$, $\Delta^4_{17|1}(y) = x \otimes y + y \otimes x$,
$\Delta^4_{17|1}(z) = z \otimes x + x \otimes z - z \otimes y - y \otimes z$.

5. $A^k_{17|1}$, on a $\Delta^k_{17|1}(x) = x \otimes x$ et $\Delta^k_{17|1}(y) = x \otimes y + y \otimes x + y \otimes y$ pour $k = 5, 6, 7$.
   - $\Delta^5_{17|1}(z) = x \otimes z + z \otimes x$,
   - $\Delta^6_{17|1}(z) = x \otimes z + z \otimes x + z \otimes y - y \otimes z$,
   - $\Delta^7_{17|1}(z) = z \otimes x + x \otimes z + z \otimes y$,

CHAPITRE 4. CLASSIFICATION DE SUPER-BIALGÈBRES ET DE SUPER-ALGÈBRES DE HOPF DE DIMENSION 4

6. $A^8_{17|1} = (A^7_{17|1})^{cop}$

7. $A^k_{17|1}$, on a $\Delta^k_{17|1}(x) = x \otimes x$ pour $k = 9, 10, 11$.
   - $\Delta^9_{17|1}(y) = x \otimes y + y \otimes x - y \otimes y$, $\Delta^9_{17|1}(z) = z \otimes x + x \otimes z$.
   - $\Delta^{10}_{17|1}(y) = x \otimes y + y \otimes x + z \otimes z$, $\Delta^{10}_{17|1}(z) = x \otimes z + z \otimes x$,
   - $\Delta^{11}_{17|1}(y) = x \otimes y + y \otimes x + y \otimes y + z \otimes z$, $\Delta^{11}_{17|1}(z) = z \otimes x + x \otimes z + z \otimes y + y \otimes z$.

Proposition 4.0.9 *Soit* $(A, \mu, \eta, \Delta, \varepsilon)$ *une super-bialgèbre de dimension* 4 *avec* $\dim A_0 = 3$. *Alors* A *est isomorphe à l'une des super-bialgèbres deux à deux non-isomorphes suivantes :*

Super-algèbre	Super-bialgèbres associées
1|1	$(A, \mu_{1\|1}, \eta, \Delta^k_{1\|1}, \varepsilon^k_{1\|1}), k = 1, \cdots, 12.$
2|1	$(A, \mu_{2\|1}, \eta, \Delta^k_{2\|1}, \varepsilon^k_{2\|1}), k = 1, \cdots, 22.$
4|1	$(A, \mu_{4\|1}, \eta, \Delta^k_{4\|1}, \varepsilon^k_{4\|1}), k = 1, 2, 3.$
6|1	$(A, \mu_{6\|1}, \eta, \Delta^k_{6\|1}, \varepsilon^k_{6\|1}), k = 1, \cdots, 18.$
13|1	$(A, \mu_{13\|1}, \eta, \Delta^k_{13\|1}, \varepsilon^k_{13\|1}), k = 1, \cdots, 21.$
14|1	$(A, \mu_{14\|1}, \eta, \Delta^k_{14\|1}, \varepsilon^k_{14\|1}), k = 1, \cdots, 9.$
14|2	$(A, \mu_{14\|2}, \eta, \Delta^k_{14\|2}, \varepsilon^k_{14\|2}), k = 1, \cdots, 4.$
15|1	$(A, \mu_{15\|1}, \eta, \Delta^k_{15\|1}, \varepsilon^k_{15\|1}), k = 1, \cdots, 9.$
15|2	$(A, \mu_{15\|2}, \eta, \Delta^k_{15\|2}, \varepsilon^k_{15\|2}), k = 1, \cdots, 4.$
17|1	$(A, \mu_{17\|1}, \eta, \Delta^k_{17\|1}, \varepsilon^k_{17\|1}), k = 1, \cdots, 11.$

Remarque 4.0.4 *Il n'existe pas de super-bialgèbre de dimension* 4 *avec* $\dim A_0 = 3$ *et de multiplication* $\mu_{2|2}, \mu_{3|1}, \mu_{7|1}, \mu_{8|1}, \mu_{8|2}, \mu_{9|1}, \mu_{11|1}$.

Maintenant, on cherche les structures de super-algèbres de Hopf. Pour une super-bialgèbre fixée définie ci-dessus, on ajoute la propriété de l'antipode. On trouve qu'il existe seulement une super-algèbre de Hopf de dimension 4, non-triviale, dans le cas de $\dim A_0 = 3$. Elle correspond à l'algèbre $(1|1)$ et la comultiplication $\Delta^2_{1|1}$, où $A = \mathbb{K} \times \mathbb{K} \times \mathbb{K} \times \mathbb{K}$. On pose $x = e_1^0 - 2e_2^0 - e_3^0 = (-1,1,0,0)$ et $y = e_1^1 = (0,0,1,-1)$ avec $\deg(x) = 0$, $\deg(y) = 1$. On obtient une nouvelle base $\{1, x, x^2, y\}$, dans laquelle l'algèbre s'écrit $\mathbb{K}[x,y]/(x^2+y^2-1, xy)$ avec $\deg(x) = 0$ et $\deg(y) = 1$.

Proposition 4.0.10 *Toute super-algèbre de Hopf de dimension* 4 *où* $\dim A_0 = 3$ *est isomorphe à la super-algèbre de Hopf* $\mathbb{K}[x,y]/(x^2+y^2-1, xy)$ *avec* $\deg(x) = 0$, $\deg(y) = 1$ *et telle que*

$$\Delta(x) = x \otimes x - \alpha y \otimes y, \quad \varepsilon(x) = 1, \quad S(x) = x,$$
$$\Delta(y) = x \otimes y + y \otimes x, \quad \varepsilon(y) = 0, \quad S(y) = \alpha y,$$

où α *est la racine primitive* 4ième *de l'unité.*

4.0.8 Super-algèbres de dimension 4 où $\dim(A_0) = 2$

Soit $\{e_1^0, e_2^0, e_1^1, e_2^1\}$ une base de super-espace adjacent A, tel que $\{e_1^0, e_2^0\}$ est une base de la partie paire, $\{e_1^1, e_2^1\}$ est celle de la partie impaire et e_1^0 est l'unité de super-algèbre.

Proposition 4.0.11 *[7] Soit* $\mathbb{K}$ *un corps algébriquement clos, on suppose que* A *est une super-algèbre de dimension* 4 *avec* $\dim A_0 = 2$. *Alors* A *est isomorphe à l'une des super-algèbres deux à deux non-isomorphes suivantes :*

1|2 $\mathbb{K} \times \mathbb{K} \times \mathbb{K} \times \mathbb{K}$, $e_1^0 = (1,1,1,1)$, $e_2^0 = (1,1,0,0)$, $e_1^1 = (1,-1,0,0)$, $e_2^1 = (0,0,1,-1)$.

2|3 $\mathbb{K} \times \mathbb{K} \times \mathbb{K}[x]/x^2$, $e_1^0 = (1,1,1)$, $e_2^0 = (1,1,0)$, $e_1^1 = (1,-1,0)$, $e_2^1 = (0,0,x)$.

3|2 $\mathbb{K}[x]/x^2 \times \mathbb{K}[y]/y^2$, $e_1^0 = (1,1)$, $e_2^0 = (1,0)$, $e_1^1 = (x,0)$, $e_2^1 = (0,y)$.

3|3 $\mathbb{K}[x]/x^2 \times \mathbb{K}[y]/y^2$, $e_1^0 = (1,1)$, $e_2^0 = (x,y)$, $e_1^1 = (1,-1)$, $e_2^1 = (x,-y)$.

5|1 $\mathbb{K}[x]/x^4$, $e_1^0 = 1$, $e_2^0 = x^2$, $e_1^1 = x$, $e_2^1 = x^3$.

6|2 $\mathbb{K} \times \mathbb{K}[x,y]/(x,y)^2$, $e_1^0 = (1,1)$, $e_2^0 = (1,0)$, $e_1^1 = (0,x)$, $e_2^1 = (0,y)$.

7|2 $\mathbb{K}[x,y]/(x^2,y^2)$, $e_1^0 = 1$, $e_2^0 = x$, $e_1^1 = y$, $e_2^1 = xy$.

7|3 $\mathbb{K}[x,y]/(x^2,y^2)$, $e_1^0 = 1$, $e_2^0 = xy$, $e_1^1 = x$, $e_2^1 = y$.

8|3 $\mathbb{K}[x,y]/(x^3,xy,y^2)$, $e_1^0 = 1$, $e_2^0 = x^2$, $e_1^1 = x$, $e_2^1 = y$.

9|2 $\mathbb{K}[x,y,z]/(x,y,z)^2$, $e_1^0 = 1$, $e_2^0 = x$, $e_1^1 = y$, $e_2^1 = z$.

10|1 $M_2 = \begin{pmatrix} \mathbb{K} & \mathbb{K} \\ \mathbb{K} & \mathbb{K} \end{pmatrix} = \left\{ \begin{pmatrix} a & b \\ c & d \end{pmatrix} / a,b,c,d \in \mathbb{K} \right\}$, $e_1^0 = \begin{pmatrix} 1 & 0 \\ 0 & 1 \end{pmatrix}$, $e_2^0 = \begin{pmatrix} 1 & 0 \\ 0 & 0 \end{pmatrix}$, $e_1^1 = \begin{pmatrix} 0 & 1 \\ 0 & 0 \end{pmatrix}$, $e_2^1 = \begin{pmatrix} 0 & 0 \\ 1 & 0 \end{pmatrix}$.

11|2 $\left\{ \begin{pmatrix} a & 0 & 0 & 0 \\ 0 & a & 0 & d \\ c & 0 & b & 0 \\ 0 & 0 & 0 & b \end{pmatrix} / a,b,c,d \in \mathbb{K} \right\}$, $e_1^0 = \begin{pmatrix} 1 & 0 & 0 & 0 \\ 0 & 1 & 0 & 0 \\ 0 & 0 & 1 & 0 \\ 0 & 0 & 0 & 1 \end{pmatrix}$,

$e_2^0 = \begin{pmatrix} 1 & 0 & 0 & 0 \\ 0 & 1 & 0 & 0 \\ 0 & 0 & 0 & 0 \\ 0 & 0 & 0 & 0 \end{pmatrix}$, $e_1^1 = \begin{pmatrix} 0 & 0 & 0 & 0 \\ 0 & 0 & 0 & 1 \\ 0 & 0 & 0 & 0 \\ 0 & 0 & 0 & 0 \end{pmatrix}$, $e_2^1 = \begin{pmatrix} 0 & 0 & 0 & 0 \\ 0 & 0 & 0 & 0 \\ 1 & 0 & 0 & 0 \\ 0 & 0 & 0 & 0 \end{pmatrix}$.

11|3 $\left\{ \begin{pmatrix} a & 0 & 0 & 0 \\ 0 & a & 0 & d \\ c & 0 & b & 0 \\ 0 & 0 & 0 & b \end{pmatrix} / a,b,c,d \in \mathbb{K} \right\}$, $e_1^0 = \begin{pmatrix} 1 & 0 & 0 & 0 \\ 0 & 1 & 0 & 0 \\ 0 & 0 & 1 & 0 \\ 0 & 0 & 0 & 1 \end{pmatrix}$,

$e_2^0 = \begin{pmatrix} 0 & 0 & 0 & 0 \\ 0 & 0 & 0 & 1 \\ 1 & 0 & 0 & 0 \\ 0 & 0 & 0 & 0 \end{pmatrix}$, $e_1^1 = \begin{pmatrix} 1 & 0 & 0 & 0 \\ 0 & 1 & 0 & 0 \\ 0 & 0 & -1 & 0 \\ 0 & 0 & 0 & -1 \end{pmatrix}$, $e_2^1 = \begin{pmatrix} 0 & 0 & 0 & 0 \\ 0 & 0 & 0 & -1 \\ 1 & 0 & 0 & 0 \\ 0 & 0 & 0 & 0 \end{pmatrix}$.

12|1 $\Lambda \mathbb{K}^2 = \mathbb{K}\langle x,y \rangle / (x^2, y^2, xy+yx)$, $e_1^0 = 1$, $e_2^0 = x$, $e_1^1 = y$, $e_2^1 = xy$.

12|2 $\Lambda \mathbb{K}^2 = \mathbb{K}\langle x,y \rangle / (x^2, y^2, xy+yx)$, $e_1^0 = 1$, $e_2^0 = xy$, $e_1^1 = x$, $e_2^1 = y$.

14|3 $\left\{ \begin{pmatrix} a & 0 & 0 \\ c & a & 0 \\ d & 0 & b \end{pmatrix} / a,b,c,d \in \mathbb{K} \right\}$, $e_1^0 = \begin{pmatrix} 1 & 0 & 0 \\ 0 & 1 & 0 \\ 0 & 0 & 1 \end{pmatrix}$, $e_2^0 = \begin{pmatrix} 1 & 0 & 0 \\ 0 & 1 & 0 \\ 0 & 0 & 0 \end{pmatrix}$,

$e_1^1 = \begin{pmatrix} 0 & 0 & 0 \\ 1 & 0 & 0 \\ 0 & 0 & 0 \end{pmatrix}$, $e_2^1 = \begin{pmatrix} 0 & 0 & 0 \\ 0 & 0 & 0 \\ 1 & 0 & 0 \end{pmatrix}$.

15|3 $\left\{ \begin{pmatrix} a & c & d \\ 0 & a & 0 \\ 0 & 0 & b \end{pmatrix} / a,b,c,d \in \mathbb{K} \right\}$, $e_1^0 = \begin{pmatrix} 1 & 0 & 0 \\ 0 & 1 & 0 \\ 0 & 0 & 1 \end{pmatrix}$, $e_2^0 = \begin{pmatrix} 1 & 0 & 0 \\ 0 & 1 & 0 \\ 0 & 0 & 0 \end{pmatrix}$,

$e_1^1 = \begin{pmatrix} 0 & 1 & 0 \\ 0 & 0 & 0 \\ 0 & 0 & 0 \end{pmatrix}$, $e_2^1 = \begin{pmatrix} 0 & 0 & 1 \\ 0 & 0 & 0 \\ 0 & 0 & 0 \end{pmatrix}$.

16|1 $\mathbb{K}\langle x,y \rangle / (x^2, y^2, yx)$, $e_1^0 = 1$, $e_2^0 = x$, $e_1^1 = y$, $e_2^1 = xy$.

16|2 $\mathbb{K}\langle x,y\rangle/(x^2, y^2, yx)$, $e_1^0 = 1$, $e_2^0 = y$, $e_1^1 = x$, $e_2^1 = xy$.

16|3 $\mathbb{K}\langle x,y\rangle/(x^2, y^2, yx)$, $e_1^0 = 1$, $e_2^0 = xy$, $e_1^1 = x$, $e_2^1 = y$.

17|2 $\left\{ \begin{pmatrix} a & 0 & 0 \\ 0 & a & 0 \\ c & d & b \end{pmatrix} / a,b,c,d \in \mathbb{K} \right\}$, $e_1^0 = \begin{pmatrix} 1 & 0 & 0 \\ 0 & 1 & 0 \\ 0 & 0 & 1 \end{pmatrix}$, $e_2^0 = \begin{pmatrix} 1 & 0 & 0 \\ 0 & 1 & 0 \\ 0 & 0 & 0 \end{pmatrix}$,

$e_1^1 = \begin{pmatrix} 0 & 0 & 0 \\ 0 & 0 & 0 \\ 1 & 0 & 0 \end{pmatrix}$, $e_2^1 = \begin{pmatrix} 0 & 0 & 0 \\ 0 & 0 & 0 \\ 0 & 1 & 0 \end{pmatrix}$.

(18 ;λ|1) $\mathbb{K}\langle x,y\rangle/(x^2, y^2, yx - \lambda xy)$, où $\lambda \in \mathbb{K}$ avec $\lambda \neq -1, 0, 1$,
$e_1^0 = 1$, $e_2^0 = x$, $e_1^1 = y$, $e_2^1 = xy$.

(18 ;λ|2) $\mathbb{K}\langle x,y\rangle/(x^2, y^2, yx - \lambda xy)$, où $\lambda \in \mathbb{K}$ avec $\lambda \neq -1, 0, 1$,
$e_1^0 = 1$, $e_2^0 = xy$, $e_1^1 = x$, $e_2^1 = y$.

19|1 $\mathbb{K}\{x,y\}/(y^2, x^2 + yx, xy + yx)$, $e_1^0 = 1$, $e_2^0 = xy$, $e_1^1 = x$, $e_2^1 = y$.

Dans la suite, on donne le groupe d'automorphismes pour chaque super-algèbre décrite au dessus.

Proposition 4.0.12 *Pour toute super-algèbre de dimension 4 où* $\dim A_0 = 2$, *le groupe d'automorphismes associé est défini dans le tableau suivant :*

Super-algèbre	Automorphisme de super-algèbre
2|1, 2|3	$\left\{ \begin{pmatrix} 1 & 0 & 0 & 0 \\ 0 & 1 & 0 & 0 \\ 0 & 0 & \pm 1 & 0 \\ 0 & 0 & 0 & \alpha \end{pmatrix}, où\ \alpha \in \mathbb{K}^* \right\}$
3|2, 3|3, *11|2*, *11|3*	$\left\{ \begin{pmatrix} 1 & 0 & 0 & 0 \\ 0 & 1 & 0 & 0 \\ 0 & 0 & \alpha & 0 \\ 0 & 0 & 0 & \beta \end{pmatrix}, \begin{pmatrix} 1 & 1 & 0 & 0 \\ 0 & -1 & 0 & 0 \\ 0 & 0 & 0 & \beta \\ 0 & 0 & \alpha & 0 \end{pmatrix} où\ (\alpha, \beta) \in (\mathbb{K}^*)^2 \right\}$

Super-algèbre	Automorphisme de super-algèbre
5|1	$\left\{\begin{pmatrix} 1 & 0 & 0 & 0 \\ 0 & \alpha^2 & 0 & 0 \\ 0 & 0 & \alpha & 0 \\ 0 & 0 & \beta & \alpha^3 \end{pmatrix}, \text{où } (\beta, \alpha) \in \mathbb{K} \times \mathbb{K}^* \right\}$
6|2, 17|2	$\left\{\begin{pmatrix} 1 & 0 & 0 & 0 \\ 0 & 1 & 0 & 0 \\ 0 & 0 & \alpha & \gamma \\ 0 & 0 & \beta & \sigma \end{pmatrix}, \text{où } (\alpha, \beta, \gamma, \sigma) \in \mathbb{K}^4 \text{ tel que } \alpha\sigma - \beta\gamma \neq 0 \right\}$
7|2, 12|1, 16|2, 18|1	$\left\{\begin{pmatrix} 1 & 0 & 0 & 0 \\ 0 & \alpha & 0 & 0 \\ 0 & 0 & \beta & 0 \\ 0 & 0 & \gamma & \alpha\beta \end{pmatrix}, \text{où } (\alpha, \beta, \gamma) \in \mathbb{K}^* \times \mathbb{K}^* \times \mathbb{K} \right\}$
7|3	$\left\{\begin{pmatrix} 1 & 0 & 0 & 0 \\ 0 & \alpha\beta & 0 & 0 \\ 0 & 0 & 0 & \beta \\ 0 & 0 & \alpha & 0 \end{pmatrix}, \begin{pmatrix} 1 & 0 & 0 & 0 \\ 0 & \alpha\beta & 0 & 0 \\ 0 & 0 & \alpha & 0 \\ 0 & 0 & 0 & \beta \end{pmatrix} \text{où } (\alpha, \beta) \in (\mathbb{K}^*)^2 \right\}$
8|3	$\left\{\begin{pmatrix} 1 & 0 & 0 & 0 \\ 0 & \alpha^2 & 0 & 0 \\ 0 & 0 & \alpha & 0 \\ 0 & 0 & \beta & \gamma \end{pmatrix}, \text{où } (\alpha, \beta, \gamma) \in \mathbb{K}^* \times \mathbb{K} \times \mathbb{K}^* \right\}$
9|2, 10|1	$\left\{\begin{pmatrix} 1 & 0 & 0 & 0 \\ 0 & \alpha & 0 & 0 \\ 0 & 0 & \beta & \sigma \\ 0 & 0 & \gamma & \gamma' \end{pmatrix}, \text{où } (\alpha, \beta, \gamma, \sigma, \sigma') \in \mathbb{K}^5 \text{ tel que } \alpha(\beta\gamma' - \gamma\sigma) \neq 0 \right\}$
12|2, 16|3 et 18|2	$\left\{\begin{pmatrix} 1 & 0 & 0 & 0 \\ 0 & \alpha\beta & 0 & 0 \\ 0 & 0 & \alpha & 0 \\ 0 & 0 & 0 & \beta \end{pmatrix}, \text{où } (\alpha, \beta) \in (\mathbb{K}^*)^2 \right\}$
14|3, 15|3	$\left\{\begin{pmatrix} 1 & 0 & 0 & 0 \\ 0 & 1 & 0 & 0 \\ 0 & 0 & \alpha & 0 \\ 0 & 0 & 0 & \beta \end{pmatrix}, \text{où } (\alpha, \beta) \in (\mathbb{K}^*)^2 \right\}$
19|1	$\left\{\begin{pmatrix} 1 & 0 & 0 & 0 \\ 0 & \alpha^2 & 0 & 0 \\ 0 & 0 & \alpha & 0 \\ 0 & 0 & \beta & \alpha \end{pmatrix}, \text{où } (\beta, \alpha) \in \mathbb{K} \times \mathbb{K}^* \right\}$

Démonstration 4.0.8.1 *Nous donnons la preuve pour seulement la première super-algèbre. Soit f un endomorphisme de super-algèbre tel que*

$$f(e_1^0) = e_1^0, \ f(e_2^0) = \lambda_{(2,0)}^1 e_1^0 + \lambda_{(2,0)}^2 e_2^0,$$
$$f(e_1^1) = \lambda_{(1,1)}^1 e_1^1 + \lambda_{(1,1)}^2 e_2^1, \ f(e_2^1) = \lambda_{(2,1)}^1 e_1^1 + \lambda_{(2,1)}^2 e_2^1.$$

il satisfait l'identité suivante

$$\mu_{2|3} \circ f \otimes f = f \circ \mu_{2|3}, \qquad (4.0.2)$$

appliquée à $e_1^1 \otimes e_1^1$. Ce qui mène à :
d'un côté

$$\mu \circ f \otimes f(e_1^1 \otimes e_1^1) = \mu_{2|3}((\lambda_{(1,1)}^1 e_1^1 + \lambda_{(1,1)}^2 e_2^1) \otimes (\lambda_{(1,1)}^1 e_1^1 + \lambda_{(1,1)}^2 e_2^1)) = (\lambda_{(1,1)}^1)^2 e_2^0.$$

D'un autre côté, on a

$$f \circ \mu_{2|3}(e_1^1 \otimes e_1^1) = f(e_2^0) = \lambda_{(2,0)}^1 e_1^0 + \lambda_{(2,0)}^2 e_2^0.$$

Par identification, on obtient $\lambda_{(2,0)}^1 = 0$ et $\lambda_{(2,0)}^2 = (\lambda_{(1,1)}^1)^2$.

En appliquant l'identité (4.0.2) à $e_2^0 \otimes e_2^0$, on obtient

$$(\lambda_{(2,0)}^2)^2 = \lambda_{(2,0)}^2.$$

ce qui implique que $\lambda_{(2,0)}^2 = 1$ car $\lambda_{(1,1)}^1 \neq 0$ (f est bijective). D'où $\lambda_{(1,1)}^1 = \pm 1$. En appliquant l'identité (4.0.2) à $e_2^0 \otimes e_1^1$ et $e_2^0 \otimes e_2^1$, on obtient

$$\lambda_{(1,1)}^2 = 0 \quad et \quad \lambda_{(2,1)}^1 = 0.$$

D'où le groupe d'automorphismes correspondant à la multiplication $\mu_{1|1}$ est défini par

$$f(e_1^0) = e_1^0, \ f(e_2^0) = e_2^0, \ f(e_1^1) = \pm e_1^1, \ f(e_2^1) = \alpha e_2^1, \ o\grave{u} \ \alpha \neq 0.$$

4.0.9 Super-bialgèbres et super-algèbres de Hopf de dimension 4 où $\dim(A_0) = 2$

Maintenant, on calcule toutes les structures de super-bialgèbres et les super-algèbres de Hopf décrites précédemment où $\dim A_0 = 2$. Ci-dessous, tous les résultats obtenus. On

CHAPITRE 4. CLASSIFICATION DE SUPER-BIALGÈBRES ET DE SUPER-ALGÈBRES DE HOPF DE DIMENSION 4

garde les mêmes notations qu'en cas $\dim(A_0) = 3$, nous changeons les variables pour les super-algèbres $A_{3|2}$, $A_{11|2}$, $A_{12|2}$ comme mentionné ci-dessous, en proposition 4.0.10 et dans la preuve de la proposition 6.1.5. Pour les super-algèbres qui restent, on change juste les notations des vecteurs de base. On considère la base $\{1 = e_1^0,\ x = e_2^0,\ y = e_1^1,\ z = e_2^1\}$.

Super-algèbre $A_{2|3}$, on a $\Delta_{2|3}^k(x) = 1 \otimes x + x \otimes 1 - x \otimes x$, $\varepsilon_{2|3}^k(x) = 0$ pour $k = 1, \ldots, 4$.

1. $A_{2|3}^1$ avec $\Delta_{2|3}^1(y) = 1 \otimes y + y \otimes 1 - x \otimes y$, $\Delta_{2|3}^1(z) = 1 \otimes z + z \otimes 1 - x \otimes z - z \otimes x$.
2. $A_{2|3}^2$ avec $\Delta_{2|3}^2(y) = 1 \otimes y + y \otimes 1 - x \otimes y + z \otimes x$, $\Delta_{2|3}^2(z) = 1 \otimes z + z \otimes 1 - x \otimes z - z \otimes x$.
3. $A_{2|3}^3 = (A_{2|3}^1)^{cop}$, $A_{2|3}^4 = (A_{2|3}^2)^{cop}$.

Super-algèbre $A_{3|2} \cong \mathbb{K}\langle x, y\rangle/(x^2 - x, y^2, yx)$ avec $\deg(x) = 0$ et $\deg(y) = 1$, on a $\varepsilon_{3|2}^k(x) = 0$ pour $k = 1, \ldots, 9$.

1. $A_{3|2}^k$ avec $\Delta_{3|2}^k(x) = 1 \otimes x + x \otimes 1 - 2x \otimes x$ pour $k = 1, 2$, et
   - $\Delta_{3|2}^1(y) = 1 \otimes y + y \otimes 1 - 2x \otimes y$. $\quad$ - $\Delta_{3|2}^2(y) = 1 \otimes y + y \otimes 1$.

2. $A_{3|2}^k$ avec $\Delta_{3|2}^k(x) = 1 \otimes x + x \otimes 1 - x \otimes x$, pour $k = 3, \ldots, 9$, et
   - $\Delta_{3|2}^3(y) = 1 \otimes y + y \otimes 1 - x \otimes y - y \otimes x + xy \otimes x + x \otimes xy$.
   - $\Delta_{3|2}^4(y) = 1 \otimes y + y \otimes 1 - x \otimes y - xy \otimes x$.
   - $\Delta_{3|2}^5(y) = 1 \otimes y + y \otimes 1 - x \otimes y - y \otimes x$.
   - $\Delta_{3|2}^6(y) = 1 \otimes y + y \otimes 1 - x \otimes xy - xy \otimes x$.
   - $\Delta_{3|2}^7(y) = 1 \otimes y + y \otimes 1 - y \otimes x$.
   - $\Delta_{3|2}^8(y) = 1 \otimes y + y \otimes 1$.
   - $A_{3|2}^9 = (A_{3|2}^4)^{cop}$.

Super-algèbre $A_{6|2}$, on a $\Delta_{6|2}^k(x) = x \otimes x$ et $\varepsilon_{6|2}^k(x) = 1$ $k = 1, \ldots, 11$.

1. $A_{6|2}^k$ avec $\Delta_{6|2}^k(y) = y \otimes x + x \otimes y$ pour $k = 1, \ldots, 4$, et
   - $\Delta_{6|2}^1(z) = z \otimes 1 + 1 \otimes z$. $\quad$ - $\Delta_{6|2}^3(z) = z \otimes x + 1 \otimes z$.
   - $\Delta_{6|2}^2(z) = z \otimes x + x \otimes z$. $\quad$ - $\Delta_{6|2}^4(z) = 1 \otimes z + z \otimes x + 1 \otimes y - x \otimes y$.

2. $A_{6|2}^5$ avec $\Delta_{6|2}^5(y) = y \otimes 1 + 1 \otimes y$, $\Delta_{6|2}^5(z) = z \otimes x + x \otimes z$.
3. $A_{6|2}^6$ avec $\Delta_{6|2}^6(y) = y \otimes x + 1 \otimes y$, $\Delta_{6|2}^6(z) = z \otimes x + 1 \otimes z$.

4. $A_{6|2}^7$ avec $\Delta_{6|2}^7(y) = 1 \otimes y + y \otimes x$, $\Delta_{6|2}^7(z) = x \otimes z + z \otimes x$.
5. $A_{6|2}^8$ avec $\Delta_{6|2}^8(y) = y \otimes x + x \otimes y + z \otimes 1 + 1 \otimes z - x \otimes z - z \otimes x$, $\Delta_{6|2}^8(z) = 1 \otimes z + z \otimes 1$.
6. $A_{6|2}^9$ avec $\Delta_{6|2}^9(y) = y \otimes x + 1 \otimes y + z \otimes 1 + 1 \otimes z - z \otimes x - x \otimes z$, $\Delta_{6|2}^9(z) = z \otimes x + 1 \otimes z$.
7. $A_{6|2}^{10}$ avec $\Delta_{6|2}^{10}(y) = y \otimes x + \frac{1}{2} x \otimes y + \frac{1}{2} 1 \otimes y + \frac{1}{4} 1 \otimes z - \frac{1}{4} x \otimes z$,
$\Delta_{6|2}^{10}(z) = z \otimes x + \frac{1}{2} 1 \otimes z + 1 \otimes y - x \otimes y + \frac{1}{2} x \otimes z$.
8. $A_{6|2}^{11} = (A_{3|2}^6)^{cop}$.

Super-algèbre $A_{11|2} \cong \mathbb{K}\langle x, y \rangle / (x^2 - x, y^2, xy - yx - y)$ avec $\deg(x) = 0, \deg(y) = 1$.

1. $\Delta_{11|2}^1(x) = 1 \otimes x + x \otimes 1 - 2x \otimes x$, $\Delta_{11|2}^1(y) = 1 \otimes y + y \otimes 1 - 2x \otimes xy - 2xy \otimes x$, $\varepsilon_{11|2}^1(x) = 1$.

Super-algèbre $A_{12|2}^1 \cong \mathbb{K}\langle x, y \rangle / (x^2, y^2, xy + yx)$ avec $\deg(x) = \deg(y) = 1$,

1. $\Delta_{12|2}^1(x) = 1 \otimes x + x \otimes 1$, $\Delta_{12|2}^1(y) = 1 \otimes y + y \otimes 1$.

Super-algèbre $A_{14|3}$, on a $\Delta_{14|3}^k(z) = 1 \otimes z + z \otimes 1 - x \otimes z - z \otimes x$ et $\varepsilon_{14|3}^k(x) = 0$ pour $k = 1, \ldots, 7$.

1. $A_{14|3}^k$ avec $\Delta_{14|3}^k(x) = 1 \otimes x + x \otimes 1 - x \otimes x$ pour $k = 1, \ldots, 4$.
   - $\Delta_{14|3}^1(y) = 1 \otimes y + y \otimes 1$,
   - $\Delta_{14|3}^2(y) = 1 \otimes y + y \otimes 1 + x \otimes z + z \otimes x$,
   - $\Delta_{14|3}^3(y) = 1 \otimes y + y \otimes 1 - x \otimes y$,
   - $\Delta_{14|3}^4(y) = 1 \otimes y + y \otimes 1 - x \otimes y - y \otimes x$.
2. $A_{14|3}^k$ avec $\Delta_{14|3}^k(x) = 1 \otimes x + x \otimes 1 - x \otimes x + z \otimes z$ pour $k = 5, 6$.
   - $\Delta_{14|3}^5(y) = 1 \otimes y + y \otimes 1$,
   - $\Delta_{14|3}^6(y) = 1 \otimes y + y \otimes 1 + x \otimes z + z \otimes x$.
3. $A_{14|3}^7 = (A_{14|3}^3)^{cop}$.

Super-algèbre $A_{15|3}$, on a
$A_{15|3}^1 = (A_{14|3}^1)^{op}$, $A_{15|3}^2 = (A_{14|3}^2)^{op}$, $A_{15|3}^3 = (A_{14|3}^3)^{op}$, $A_{15|3}^4 = (A_{14|3}^4)^{op}$,
$A_{15|3}^5 = (A_{14|3}^5)^{op}$, $A_{15|3}^6 = (A_{14|3}^6)^{op}$, $A_{15|3}^7 = (A_{14|3}^5)^{op,cop}$.

Super-algèbre $A_{17|2}$, on a

1. $A_{17|2}^1$ avec $\Delta_{17|2}^1(x) = 1 \otimes x + x \otimes 1 - x \otimes x$, $\Delta_{17|2}^1(y) = 1 \otimes y + y \otimes 1 - y \otimes x - x \otimes y$,
$\Delta_{17|2}^1(z) = 1 \otimes z + z \otimes 1 - z \otimes x - x \otimes z$, $\varepsilon_{15|3}^7(x) = 0$.

CHAPITRE 4. CLASSIFICATION DE SUPER-BIALGÈBRES ET DE SUPER-ALGÈBRES DE HOPF DE DIMENSION 4

2. $A_{17|2}^2$ avec $\Delta_{17|2}^2(x) = x \otimes x$, $\Delta_{17|2}^2(y) = x \otimes y + y \otimes x$, $\Delta_{17|2}^2(z) = x \otimes z + z \otimes x$, $\varepsilon_{15|3}^7(x) = 1$.

Proposition 4.0.13 *Il n'existe pas de super-bialgèbre de dimension 4 avec* $\dim A_0 = 2$ *telle qu'elle est munie de l'une de ces multiplications* $\mu_{1|2}, \mu_{3|3}, \mu_{5|1}, \mu_{7|2}, \mu_{7|3}, \mu_{8|3}, \mu_{10|1}, \mu_{11|3}, \mu_{12|1}, \mu_{16|1}, \mu_{16|2}, \mu_{16|3}, \mu_{18|1}, \mu_{18|2}, \mu_{19|1}$

Proposition 4.0.14 *Soit* $(A, \mu, \eta, \Delta, \varepsilon)$ *une super-bialgèbre de dimension* 4 *avec* $\dim A_0 = 2$, *alors* A *est isomorphe à l'une des super-bialgèbres, deux à deux non-isomorphes, suivantes :*

Super-algèbre	Super-bialgèbres associées
2|3	$(A, \mu_{2|3}, \eta, \Delta_{2|3}^k, \varepsilon_{2|3}^k), k = 1, \cdots, 4.$
3|2	$(A, \mu_{3|2}, \eta, \Delta_{3|2}^k, \varepsilon_{3|2}^k), k = 1, \cdots, 9.$
6|2	$(A, \mu_{6|2}, \eta, \Delta_{6|2}^k, \varepsilon_{6|2}^k), k = 1, \cdots, 11.$
11|2	$(A, \mu_{11|2}, \eta, \Delta_{11|2}^1, \varepsilon_{11|2}^1).$
12|2	$(A, \mu_{12|2}, \eta, \Delta_{12|2}^1, \varepsilon_{12|2}^1).$
14|3	$(A, \mu_{14|3}, \eta, \Delta_{14|3}^1, \varepsilon_{14|3}^1), k = 1, \cdots, 7.$
15|3	$(A, \mu_{15|3}, \eta, \Delta_{15|3}^1, \varepsilon_{15|3}^1), k = 1, \cdots, 7.$
17|2	$(A, \mu_{17|2}, \eta, \Delta_{17|2}^1, \varepsilon_{17|2}^1), k = 1, 2.$

Proposition 4.0.15 *Toute super-algèbre de Hopf non-triviale de dimension* 4, *avec* $\dim A_0 = 2$ *est isomorphe à l'une des super-algèbres de Hopf, deux à deux non-isomorphes, suivantes :*

1. $\mathcal{H}_1 = \mathbb{K}\langle x, y\rangle/(x^2 - x, y^2, yx)$ *avec* $\deg(x) = 0$, $\deg(y) = 1$ *et telles que*

$$\Delta(x) = 1 \otimes x + x \otimes 1 - 2x \otimes x, \quad \Delta(y) = 1 \otimes y + y \otimes 1,$$
$$\varepsilon(x) = \varepsilon(y) = 0, \qquad S(x) = x, \ S(y) = -y.$$

2. $\mathcal{H}_2 = \mathbb{K}\langle x,y\rangle/(x^2-x, y^2, xy-yx-y)$ avec $\deg(x) = 0$, $\deg(y) = 1$ et telles que
$$\Delta(x) = 1 \otimes x + x \otimes 1 - 2x \otimes x, \quad \Delta(y) = 1 \otimes y + y \otimes 1 - 2x \otimes xy - 2xy \otimes x,$$
$$\varepsilon(x) = \varepsilon(y) = 0, \qquad S(x) = x, \ S(y) = y.$$

3. $\mathcal{H}_3 = \mathbb{K}\langle x,y\rangle/(x^2, y^2, xy+yx)$ avec $\deg(x) = \deg(y) = 1$ et telles que
$$\Delta(x) = 1 \otimes x + x \otimes 1, \quad \Delta(y) = 1 \otimes y + y \otimes 1,$$
$$\varepsilon(x) = \varepsilon(y) = 0, \qquad S(x) = -x, \ S(y) = -y.$$

4. $\mathcal{H}_4 = \mathbb{K}\langle x,y\rangle/(x^2-x, y^2, yx)$ avec $\deg(x) = 0$, $\deg(y) = 1$ et telles que
$$\Delta(x) = 1 \otimes x + x \otimes 1 - 2x \otimes x, \quad \Delta(y) = 1 \otimes y + y \otimes 1 - 2x \otimes y,$$
$$\varepsilon(x) = \varepsilon(y) = 0, \qquad S(x) = x, \ S(y) = -y + xy,$$

où $\mathbb{K}\langle x,y\rangle$ anneau des polynômes non-commutatifs.

Démonstration 4.0.9.1 La super-algèbre de Hopf $\mathcal{H}_1$ correspond à $A_{3|2}^2$ avec $x = e_2^0$, $y = e_1^1 + e_2^1$.
La super-algèbre de Hopf $\mathcal{H}_2$ correspond à $A_{11|2}^1$ avec $x = e_2^0$, $y = e_1^1 - e_2^1$.
La super-algèbre de Hopf $\mathcal{H}_3$ correspond à $A_{12|2}^1$ avec $x = e_1^1$, $y = e_2^1$.
La super-algèbre de Hopf $\mathcal{H}_4$ correspond à $A_{3|2}^1$ avec $x = e_2^0$, $y = e_1^1 + e_2^1$.

D'où, réunissons les résultats obtenus pour les deux cas $\dim A_0 = 3$ et $\dim A_0 = 2$, on obtient cinq super-algèbres de Hopf de dimension 4.

Théorème 4.0.5 *Toute super-algèbre de Hopf non-triviale de dimension* 4 *est isomorphe à l'une des cinq super-algèbres de Hopf de dimension* 4, *deux à deux non-isomorphes suivantes*

$$\mathcal{H}_1 \cong \mathbb{K}[\mathbb{Z}/2\mathbb{Z}] \otimes \Lambda\mathbb{K}, \ \mathcal{H}_2 \cong \mathbb{K}[\mathbb{Z}/2\mathbb{Z}] \rtimes_\sigma \Lambda\mathbb{K}, \ \mathcal{H}_3 \cong \Lambda\mathbb{K}^2, \ \mathcal{H}_4 = \mathcal{H}_2^* \ et \ \mathcal{H}_5,$$

où $\sigma : \mathbb{Z}/2\mathbb{Z} \to GL(\mathbb{K})$ *est l'action non-triviale de* $\mathbb{Z}/2\mathbb{Z}$ *sur* $\mathbb{K}$, $\mathcal{H}_2^*$ *est le duale de* $\mathcal{H}_2$ *et* $\mathcal{H}_5$ *est définie par* $\mathbb{K}[x,y]/(x^2+y^2-1, xy)$ ($\deg(x) = 0$, $\deg(y) = 1$) *telles que*

$$\Delta(x) = x \otimes x - \alpha y \otimes y, \quad \varepsilon(x) = 1, \quad S(x) = x,$$
$$\Delta(y) = x \otimes y + y \otimes x, \quad \varepsilon(y) = 0, \quad S(y) = \alpha y.$$

avec $\alpha^4 = 1$.

CHAPITRE 4. CLASSIFICATION DE SUPER-BIALGÈBRES ET DE SUPER-ALGÈBRES DE HOPF DE DIMENSION 4

Démonstration 4.0.9.2 *Les trois premières super-algèbres de Hopf sont cocommutatives. On obtient les isomorphismes à l'aide du théorème de Kostant. Cependant, puisque $\mathcal{H}_4$ est commutative, son dual est cocommutative, ce qui donne $\mathcal{H}_4 = \mathcal{H}_2^*$. La super-algèbre de Hopf $\mathcal{H}_5$ correspond à $A_{1|1}$ (proposition 4.0.10), elle n'est pas cocommutative et c'est la seule dont la partie paire est de dimension 3.*

Dans le tableau suivant, nous rassemblons les résultats obtenus pour les super-bialgèbres et les algèbres de Hopf de dimension 4. Notons que les algèbres sont celles classifiées par Gabriel dans (4.0.3). La super-algèbre $(i|j)$ désigne la $j^{ième}$ graduation de la $i^{ième}$ algèbre, obtenues par Armour, Chen and Zhang, voir proposition (4.0.7) pour le premier cas ($\dim A_0 = 3$) et la proposition (4.0.11) pour le deuxième cas ($\dim A_0 = 2$). Nous relevons ci-dessous le nombre de super-bialgèbres et de super-algèbres de Hopf.
Nous donnons dans la suite la liste des super-coalgèbres associées à la super-algèbre A de dimension 4 donnée, telle que $A = A_0 \oplus A_1$. On note la comultiplication par $\Delta_{i|j}^k$ et la counité par $\varepsilon_{i|j}^k$, où i indique l'indice de l'algèbre de dimension 4 citée dans le théorème 4.0.3, et $A_{i|j}$ correspond à la super-algèbre obtenue de la $i^{ième}$ algèbre, voir la Proposition 4.0.7 pour le premier cas ($\dim A_0 = 3$) et la proposition 4.0.11 pour le deuxième cas ($\dim A_0 = 2$). L'exposant k indique l'indice de la comultiplication et la counité combinées avec la multiplication de la super-algèbre $A_{i|j}$ et l'unité η donne une super-bialgèbre de dimension 4. Rappelons que pour toutes ces super-coalgèbres on a $\eta(1) = 1$ (élément unité), $\Delta(1) = 1 \otimes 1$, $\varepsilon(1) = 1$ et $\varepsilon(A_1) = 0$.

Algèbres	Super-algèbres	♯ Super-bialgèbres	♯ Super-algèbres de Hopf
1	1|1	12	1
	1|2	0	0
2	2|1	22	0
	2|2	0	0
	2|3	4	0
3	3|1	0	0
	3|2	9	2
	3|3	0	0
4	4|1	3	0
5	5|1	0	0
6	6|1	18	0
	6|2	11	0
7	7|1	0	0
	7|2	0	0
	7|3	0	0
8	8|1	0	0
	8|2	0	0
	8|3	0	0
9	9|1	0	0
	9|2	0	0
10	10|1	0	0
11	11|1	0	0
	11|2	1	1
	11|3	0	0
12	12|1	0	0
	12|2	1	1
13	13|1	21	0
14	14|1	9	0
	14|2	4	0
	14|3	7	0
15	15|1	9	0
	15|2	4	0
	15|3	7	0
16	16|2	0	0
	16|1	0	0
	16|3	0	0
17	17|1	11	0
	17|2	2	0
$(\mathbf{18}; \lambda)$	$(\mathbf{18}; \lambda)\|1$	0	0
	$(\mathbf{18}; \lambda)\|2$	0	0
19	19|1	0	0

Chapitre 5

Structure de super-bialgèbres quasitriangulaires et de super-algèbres de Hopf quasitriangulaires

On enrichit dans ce chapitre les super-bialgèbres et les super-algèbres de Hopf d'une structure supplémentaire. On décrit celles qui possèdent une structure quasitriangulaire.

Définition 5.0.1 *1. Une super-algèbre de Hopf $A = (V, \mu, \eta, \Delta, \varepsilon, S)$ est dite **quasi-triangulaire** s'il existe un élément inversible, $R = \sum(a_i \otimes b_i) \in (A \otimes A)_0$ tel que*

$$R\Delta(a) = (\tau \circ \Delta)(a)R, \ \forall a \in A; \quad (5.0.1)$$
$$(\Delta \otimes id_A)R = R_{12}R_{23}; \quad (5.0.2)$$
$$(id_A \otimes \Delta)R = R_{13}R_{12}. \quad (5.0.3)$$

où
$R_{12} = \sum_i a_i \otimes b_i \otimes 1$, $R_{13} = \sum_i a_i \otimes 1 \otimes b_i$ *et* $R_{23} = \sum_i 1 \otimes a_i \otimes b_i$ *sont des éléments de $A \otimes A \otimes A$.*

2. *Si en plus, R satisfait la propriété $R\tau(R) = 1 \otimes 1$, alors A est dite **triangulaire**.*

3. *Une super-algèbre de Hopf sur $\mathbb{K}$ est dite **quasi - cocommutative** s'il existe un élément inversible R qui satisfait (5.0.1).*

4. *L'élément R appelé R-matrice universelle graduée de A, il satisfait, voir [21], [15] ou [28], l'équation de* **Yang-Baxter graduée**

$$R_{12}R_{13}R_{23} = R_{23}R_{13}R_{12}. \tag{5.0.4}$$

Remarque 5.0.6 *[21] Le produit de deux éléments appartenant au produit tensoriel de deux super-algèbres est défini par l'équation (1.2.3), et on peut généraliser au grand rang le produit tensoriel itérativement, alors l'équation* **Yang-Baxter graduée** *(5.0.4) est essentiellement différente de l'équation de* **Yang-Baxter** *ordinaire.*

5.1 Classification des super-bialgèbres quasitriangulaires

5.1.1 Classification des super-bialgèbres quasitriangulaires de dimension 2

L'unique cas, non-trivial, de super-bialgèbre quasitriangulaire est le cas connexe.
En dimension 2, la super-bialgèbre quasitriangulaire triviale est la seule super-bialgèbre quasitriangulaire qui est cocommutative, c'est à dire $R = 1 \otimes 1$

5.1.2 Classification des super-bialgèbres et super-algèbres de Hopf quasitriangulaires de dimension 3

En dimension 3, on obtient

Proposition 5.1.1 *Les super-bialgèbres $A^1_{2|1}, (A^1_{2|1})^{cop}, A^2_{2|2}, A^4_{2|2}, A^2_{2|3}, (A^2_{2|3})^{cop}$ ne possèdent pas de structures de quasitriangulaire. Pour $A^1_{2|2}, A^3_{2|2}$, elles possèdent seulement la structure de quasi-triangulaire triviale. Pour le reste des super-bialgèbres $A^1_{2|3}, A^4_{2|3}$ et $A^5_{2|3}$, en plus de la structure triviale, elles possèdent une structure non-triviale de quasi-triangulaire.*

5.1.3 Classification des super-bialgèbres quasitriangulaires de dimension 4

Dans la classification des super-algèbres de Hopf en dimension 4, nous avons seulement, un seul cas non-trivial à étudier $\dim(A_0) = 2$, car la proposition ci-dessus (2.2.1) montre qu'il n'existe pas de super-bialgèbres connexes de dimension 4 et qu'il n'existe pas de super-algèbres de Hopf avec $\dim(A_0) = 3$.

5.1.4 Super-bialgèbres quasitriangulaires et super-algèbre de Hopf quasitriangulaires avec $\dim(A_0) = 3$

Nous cherchons les structures de quasitriangulaires sur toutes les super-bialgèbres obtenues précédemment. Le calcul est fait par l'utilisation d'un logiciel de calcul formel Mathematica. Notons par $A_{i|j}^k$ la super-bialgèbre $(A, \mu_{i|j}, \eta, \Delta_{i|j}^k, \varepsilon_{i|j}^k)$. Dans un soucis de simplification, nous changeons les variables pour les super-algèbres $A_{1|1}$, $A_{2|1}$, $A_{6|1}$, $A_{13|1}$. Pour la super-algèbre $A_{1|1}$ nous changeons les variables comme mentionné en proposition 4.0.10 et dans la preuve de la proposition 6.1.5. Pour $A_{2|1}$ et $A_{13|1}$ on utilise $x = e_2^0 - e_3^0$, $y = e_1^1$, et pour $A_{6|1}$ on utilise $x = e_2^0 + e_3^0$, $y = e_1^1$. Vu la multiplication de chaque super-algèbre on obtient que $A_{2|1} \cong \mathbb{K}[x,y]/(x^3 - x, xy, y^2)$, $A_{6|1} \cong \mathbb{K}[x,y]/(x^3 - x^2, xy, y^2)$, $A_{13|1} \cong \mathbb{K}\langle x,y\rangle/(x^3 - x, xy + yx, xy - y, y^2)$. Pour les super-algèbres qui restent, on change juste les notations des vecteurs de base. On considère la base $\{1 = e_1^0,\ x = e_2^0,\ y = e_3^0,\ z = e_1^1\}$.

Super-algèbre $A_{1|1}$

1. Les super-bialgèbres $A_{1|1}^k$ ($k = 3, 11$) n'ont pas de structures quasitriangulaires.

2. Les super-bialgèbres $A_{1|1}^k$ ($k = 2, 5, 6, 8, 12$) ont seulement une structure quasitriangulaire non-triviale de R-matrice $R_1 = \frac{1}{2}(1 \otimes x - 1 \otimes x^2)$.

3. La super-bialgèbre $A_{1|1}^7$ En plus de la structure quasitriangulaire triviale, elle possède deux structures non-triviales de R-matrices $R_1 = \frac{1}{2}(1 \otimes x - 1 \otimes x^2)$, $R_2 = 1 \otimes 1 - 1 \otimes x^2$.

4. Les super-bialgèbres $A_{1|1}^k$ ($k = 1, 4, 9, 10$) ont 4 structures quasitriangulaires non-triviales de R-matrices $R_1 = \frac{1}{2}(1 \otimes x - 1 \otimes x^2)$, $R_2 = 1 \otimes 1 - 1 \otimes x^2$, $R_3 = \frac{1}{4}(x \otimes x - x \otimes x^2 - x^2 \otimes x + x^2 \otimes x^2)$, $R_4 = 1 \otimes 1 - x^2 \otimes 1.$.

Super-algèbre $A_{2|1}$

1. Les super-bialgèbres $A_{2|1}^k$ ($k = 15, 20$) n'ont pas de structures quasitriangulaires.

2. Les super-bialgèbres $A_{2|1}^k$ ($k = 2, 4, 21$) ont seulement une structure quasitriangulaire non-triviale de R-matrice $R = \frac{1}{2}(1 \otimes x^2 + 1 \otimes x)$.

3. La super-bialgèbre $A_{2|1}^5$ possède deux structures non-triviales de R-matrices $R_1 = \frac{1}{2}(1 \otimes x^2 + 1 \otimes x)$, $R_2 = \frac{1}{2}(1 \otimes x^2 - 1 \otimes x)$.

4. Les super-bialgèbres $A_{2|1}^k$ ($k = 1, 3, 14, 16, 17$), en plus de la structure triviale, elles possèdent deux structures quasitriangualaires non-triviales de R-matrices $R_1 = \frac{1}{2}(1 \otimes x^2 + 1 \otimes x)$, $R_2 = \frac{1}{2}(1 \otimes x^2 - 1 \otimes x)$.

5. Les super-bialgèbres $A_{2|1}^k$ ($k = 6, 8, 12, 22$) possèdent 4 structures quasitriangulaires non-triviales de R-matrices $R_1 = \frac{1}{2}(1 \otimes x^2 + 1 \otimes x)$, $R_2 = \frac{1}{2}(x^2 \otimes 1 + x \otimes 1)$, $R_3 = \frac{1}{4}(x^2 \otimes x^2 + x^2 \otimes x + x \otimes x^2 + x \otimes x)$, $R_4 = \frac{1}{4}(x^2 \otimes x^2 - x^2 \otimes x - x \otimes x^2 + x \otimes x)$.

6. Les super-bialgèbres $A_{2|1}^k$ ($k = 11, 19$) ont 5 structures quasitriangulaires non-triviales de R-matrices $R_1 = \frac{1}{2}(1 \otimes x^2 + 1 \otimes x)$, $R_2 = \frac{1}{2}(x^2 \otimes 1 + x \otimes 1)$, $R_3 = \frac{1}{4}(x^2 \otimes x^2 + x^2 \otimes x + x \otimes x^2 + x \otimes x)$, $R_4 = \frac{1}{4}(x^2 \otimes x^2 - x^2 \otimes x - x \otimes x^2 + x \otimes x)$, $R_5 = \frac{1}{2}(1 \otimes x^2 - 1 \otimes x)$.

7. Les super-bialgèbres $A_{2|1}^k$ ($k = 7, 9, 10, 13, 18$), en plus de la structure quasitriangulaire triviale, elles ont 5 structures non-triviales de R-matrices $R_1 = \frac{1}{2}(1 \otimes x^2 + 1 \otimes x)$, $R_2 = \frac{1}{2}(x^2 \otimes 1 + x \otimes 1)$, $R_3 = \frac{1}{4}(x^2 \otimes x^2 + x^2 \otimes x + x \otimes x^2 + x \otimes x)$, $R_4 = \frac{1}{4}(x^2 \otimes x^2 - x^2 \otimes x - x \otimes x^2 + x \otimes x)$, $R_5 = \frac{1}{2}(1 \otimes x^2 - 1 \otimes x)$.

Super-algèbre $A_{4|1}$. Elle admet des structures de super-bialgèbres quasitriangulaires.

1. Pour $A_{4|1}^1$ on a 6 structures de super-bialgèbres quasitriangulaires de R − matrices : $R_1 = 1 \otimes 1$, $R_2 = x \otimes 1$, $R_3 = 1 \otimes x$, $R_4 = 1 \otimes y$, $R_5 = x \otimes x$, $R_6 = x \otimes y$.

2. Pour $A_{4|1}^2$ et $A_{4|1}^3 = (A_{4|1}^2)^{cop}$, on obtient 4 structures de super-bialgèbres quasitriangulaires non-triviales de R−matrices : $R_1 = x \otimes 1$, $R_2 = 1 \otimes x$, $R_3 = x \otimes x$, $R_4 = x \otimes y$.

Super-algèbre $A_{6|1}$

1. Les super-bialgèbres $A_{6|1}^k$ ($k = 10, 18, 7, 6, 11, 12, 14, 15, 16$ possèdent 4 structures quasitriangulaires non-triviales de R-matrices $R_1 = 1 \otimes x^2$, $R_2 = x^2 \otimes 1$, $R_3 = x^2 \otimes x^2$, $R_4 = x \otimes x^2 - x^2 \otimes x^2$.

2. Les super-bialgèbres $A_{6|1}^k$ ($k = 2, 9, 4, 13$) possèdent 5 structures quasitriangulaires non-triviales avec R-matrices $R_1 = 1 \otimes x^2$, $R_2 = x^2 \otimes 1$, $R_3 = x^2 \otimes x^2$, $R_4 = x \otimes x^2 - x^2 \otimes x^2$, $R_5 = 1 \otimes x - 1 \otimes x^2$.

3. Les super-bialgèbres $A_{6|1}^k$ ($k = 1, 3, 5, 8, 10$) en plus de la structure triviale, elles admettent 5 quasitriangulaires non-triviales de R-matrices $R_1 = 1 \otimes x^2$, $R_2 = x^2 \otimes 1$, $R_3 = x^2 \otimes x^2$, $R_4 = x \otimes x^2 - x^2 \otimes x^2$, $R_5 = 1 \otimes x - 1 \otimes x^2$.

Super-algèbre $A_{13|1}$

1. Les super-bialgèbres $A_{13|1}^k$ ($k = 1, 6, \ldots, 10, 14, 15, 19, 21$) n'ont pas de structures quasitriangulaires.

2. Les super-bialgèbres $A_{13|1}^k$ ($k = 2, 3, 4, 5, 11, 12, 13, 16, 17, 18, 20$) ont seulement une structure quasitriangulaire triviale.

Super-algèbre $A_{14|1}$.

1. Les super-bialgèbres $A_{14|1}^k$ ($k = 2, 3, 5, 8, 9$) n'ont pas de structures quasitriangulaires.

2. Les super-bialgèbres $A_{14|1}^k$ ($k = 1, 4, 6, 7$) ont seulement une structure quasitriangulaire triviale.

Super-algèbre $A_{14|2}$

1. Les super-bialgèbres $A_{14|2}^k$ ($k = 2, 4$) n'ont pas de structures quasitriangulaires.

2. Les super-bialgèbres $A_{14|2}^k$ ($k = 1, 3$) en plus de la structure quasitriangulaire triviale, admettent une autre structure non-triviale avec R-matrice $R = 1 \otimes y$.

Super-algèbre $A_{15|1}$

1. Les super-bialgèbres $A_{15|1}^k$ ($k = 1, \ldots, 4$) n'ont pas de structures quasitriangulaires.

2. Les super-bialgèbres $A_{15|1}^k$ ($k = 5, \ldots, 9$) ont seulement une structure quasitriangulaire triviale.

Super-algèbre $A_{15|2}$

1. Les super-bialgèbres $A_{15|2}^k$ ($k = 2, 4$) n'ont pas de structures quasitriangulaires.

2. Les super-bialgèbres $A_{15|2}^k$ ($k = 1, 3$) en plus de la structure quasitriangulaire triviale, elle admettent une structure quasitriangulaire non-triviale de R-matrice $R = 1 \otimes y$.

Super-algèbre $A_{17|1}$

1. Les super-bialgèbres $A_{17|1}^k$ ($k = 4, 5, 9$) ont seulement une structure quasitriangulaire triviale.

2. Les super-bialgèbres $A_{17|1}^k$ ($k = 1, 3, 7, 8, 10, 11$) ont seulement une structure quasitriangulaire triviale.

5.1.5 Super-bialgèbres quasitriangulaires et super-algèbres de Hopf quasitriangulaires de dimension 4 où $\dim(A_0) = 2$

Maintenant, on cherche les structures quasitriangulaires pour les super-bialgèbres et les super-algèbres de Hopf décrites précédemment où $\dim A_0 = 2$. Ci-dessous, les résultats obtenus. On garde les même notations que dans le cas $\dim(A_0) = 3$. Nous changeons les variables pour les super-algèbres $A_{3|2}$, $A_{11|2}$, $A_{12|2}$ comme mentionné ci-dessous, dans la proposition 4.0.10 et dans la preuve de la proposition 6.1.5. Pour les super-algèbres qui restent, on change juste les notations des vecteurs de base. On considère la base $\{1 = e_1^0,\ x = e_2^0,\ y = e_1^1,\ z = e_2^1\}$.

Super-algèbre $A_{2|3}$

Toutes les super-bialgèbres obtenues n'ont pas de structures quasitriangulaires.

Super-algèbre $A_{3|2}$

1. Les super-bialgèbres $A_{3|2}^k$ ($k = 1, 4, 6, 9$) n'ont pas de structures quasitriangulaires.

2. Les super-bialgèbres $A_{3|2}^k$ ($k = 2, 3, 5, 8$) en plus de la structure quasitriangulaire non-triviale, ont une structure non-triviale avec la R-matrice $R = 1 \otimes x$.

Super-algèbre $A_{6|2}$

1. Les super-bialgèbres $A_{6|2}^k$ ($k = 1, 2, 5, 8$) en plus de la structure quasitriangulaire non-triviale, ont 3 structures non-triviales de R-matrices $R_1 = 1 \otimes x$, $R_2 = x \otimes 1$, $R_3 = x \otimes x$.

2. Les super-bialgèbres $A_{6|2}^k$ ($k = 3, 4, 6, 7, 10, 11$) ont seulement 3 structures non-triviales de R-matrices $R_1 = 1 \otimes x$, $R_2 = x \otimes 1$, $R_3 = x \otimes x$.

Super-algèbre $A_{11|2}$

$A_{11|2}^1$ est une super-algèbre de Hopf, elle a seulement une structure quasitriangulaire triviale.

Super-algèbre $A_{12|2}$

$A_{12|2}^1$ est une super-algèbre de Hopf, elle a une structure quasitriangulaire triviale et une autre structure non-triviale de R-matrice $R_1 = 1 \otimes x$.

Super-algèbre $A_{14|3}$

1. Les super-bialgèbres $A_{14|3}^k$ ($k = 3, 5, 6, 7$) n'ont pas de structures quasitriangulaires.

2. Les super-bialgèbres $A_{14|3}^k$ ($k = 1, 2, 4$) ont seulement une structure quasitriangulaire triviale.

Super-algèbre $A_{15|3}$

1. Les super-bialgèbres $A_{15|3}^k$ ($k = 3, 5, 6, 7$) n'ont pas de structures quasitriangulaires.

2. Les super-bialgèbres $A_{15|3}^k$ ($k = 1, 2, 4$) ont seulement une structure quasitriangulaire triviale.

Super-algèbre $A_{17|2}$

Toutes les super-bialgèbres possèdent seulement des structures quasitriangulaires triviales.

Proposition 5.1.2 *Les super-bialgèbres $A_{11|2}^1$, $A_{12|2}^1$, $A_{14|3}^1$, $(A_{14|3}^1)^{op}$, $A_{17|2}^k$ ($k = 1, 2$), admettent seulement des structures quasitriangulaires triviales.*

Chapitre 6
Super-bialgèbres twistées

Plusieurs travaux ont été focalisés sur la construction de nouvelles algèbres en utilisant la méthode des twists. Giaquinto et Zhang ([24]) ont étudié les twists appliqués aux structures d'algèbres, utilisant ainsi les idées de Drinfel'd. Ils ont obtenu de nouvelles algèbres en twistant la multiplication d'une algèbre fixée.

Ils ont aussi calculé l'exponentielle et la formule de déformation universelle.

Dans ce chapitre, nous montrons que ces résultats se généralisent aux cas des super-algèbres, bien évidemment avec des définitions appropriées.

6.1 Structures de supermodules

6.1.1 Supermodules

Définition 6.1.1 *Un super-anneau est un anneau $\mathbb{Z}_2$ gradué $R = R_0 \oplus R_1$ tel que la graduation est compatible avec la multiplication*
$$R_i \cdot R_j \subset R_{i+j}, \ i,j \in \mathbb{Z}_2.$$

Définition 6.1.2 *Un **supermodule** à gauche $M = M_0 \oplus M_1$ sur un super-anneau R est module sur R tel que*
$$R_i \cdot M_j \subset M_{i+j}, \ i,j \in \mathbb{Z}_2.$$
Autrement dit l'action à gauche $r \otimes m \mapsto r \cdot m$ préserve la parité.

Exemple 6.1.1 *Un exemple familier de supermodule est le super-espace, qui est un module sur un corps $\mathbb{K}$ (vu comme super-anneau $\mathbb{K} \oplus \{0\}$).*

Remarque 6.1.2 *Pour le supermodule sur un super-anneau R, on définit un **supertwist***

$$c_{M,N} : M \otimes N \longrightarrow N \otimes M$$
$$m \otimes n \mapsto (-1)^{|m||n|} n \otimes m. \tag{6.1.1}$$

Pour tout R- supermodule M, N et les éléments homogènes $m \in M$, $n \in N$.

Les supermodules les plus intéressants sont ceux qui sont définis sur des objets avec des structures supplémentaires, par exemple supermodules sur les super-algèbres, supermodules sur les super-coalgèbres, supermodules sur les super-bialgèbres, etc . . . .

Définition 6.1.3 *Soit (A, μ_A, η_A) une super-algèbre. Un A-supermodule est un supermodule M sur $\mathbb{K}$ avec l'action $\varphi : \mathbb{K} \otimes M \longrightarrow M$, et l'application linéaire paire*

$$\rho : A \otimes M \longrightarrow M,$$

telle que

$$\rho \circ (id_A \otimes \rho) = \rho \circ (\mu_A \otimes id_M), \tag{6.1.2}$$
$$id_M \circ \varphi = \rho \circ (\eta_A \otimes id_M) \tag{6.1.3}$$

ce qui est équivalent à la commutativité des diagrammes suivants

$$\begin{array}{ccc} A \otimes A \otimes M & \xrightarrow{\mu_A \otimes id_M} & A \otimes M \\ {\scriptstyle id_A \otimes \rho} \downarrow & & \downarrow {\scriptstyle \rho} \\ A \otimes M & \xrightarrow{\rho} & M \end{array} \qquad \begin{array}{ccc} \mathbb{K} \otimes M & \xrightarrow{\eta_A \otimes id_M} & A \otimes M \\ {\scriptstyle \cong} \downarrow & & \downarrow {\scriptstyle \rho} \\ M & \xrightarrow{id_M} & M \end{array}$$

Un morphisme $f : M \longrightarrow N$ de A-supermodules est un morphisme de supermodules adjacents tel qu'il soit compatible avec l'application de structure, dans le sens que

$$f \circ \rho_M = \rho_N \circ (id_A \circ f)$$

Définition 6.1.4 *Soit (C, Δ_C, η_C) une super-coalgèbre. Un C-**supercomodule** est un supermodule M avec l'application linéaire*

$$\rho : C \longrightarrow C \otimes M,$$

telle que

$$\rho \circ id_M = (\eta_C \otimes id_M) \circ \rho$$

$$(\eta_C \otimes \rho) \circ \rho = (\Delta_C \otimes id_M) \circ \rho.$$

Ce qui est équivalent à la commutativité des diagrammes suivants

$$\begin{array}{ccc} C \otimes M & \xrightarrow{\Delta \otimes id_M} & C \otimes C \otimes M \\ {\scriptstyle \lambda \otimes id_M} \downarrow & & \downarrow {\scriptstyle \rho} \\ M \otimes C & \xrightarrow{\lambda} & M \end{array} \qquad \begin{array}{ccc} M \otimes \mathbb{K} & \xrightarrow{id_M \otimes \varepsilon} & C \otimes M \\ {\scriptstyle \cong} \downarrow & & \downarrow {\scriptstyle \rho} \\ M & \xrightarrow{id_M} & M \end{array}$$

Un morphisme $f : M \longrightarrow N$ de C-supercomodules est un morphisme des supermodules compatible avec l'application de structure, dans le sens

$$\rho_N \circ f = (id_C \circ f) \circ \rho_M.$$

Si A est une super-coalgèbre un super-anneau $\mathbb{K}$, un $\mathbb{K}$ - supermodule V est un A-supercomodule à droite s'il existe une application de $\mathbb{K}$-supermodules $\rho : V \longrightarrow V \otimes A$ telle que les diagrammes suivants commutent

$$\begin{array}{ccc} V \otimes A \otimes A & \xrightarrow{id_V \otimes \Delta} & V \otimes A \\ {\scriptstyle \lambda \otimes id_V} \downarrow & & \downarrow {\scriptstyle \rho} \\ V \otimes A & \xrightarrow{\lambda} & V \end{array} \qquad \begin{array}{ccc} V \otimes \mathbb{K} & \xrightarrow{id_V \otimes \varepsilon} & A \otimes V \\ {\scriptstyle \cong} \downarrow & & \downarrow {\scriptstyle \rho} \\ V & \xrightarrow{id_V} & V \end{array}$$

On écrit $\lambda(a \otimes v)$ comme $a \cdot v$. Les A-supercomodules à gauche sont définis similairement. Si V est lui même une super-algèbre ou super-coalgèbre, il est naturel que les structures de supermodule et de supercomodule soient compatibles avec les structures externes définies sur V.

Remarque 6.1.3 *Soit* $(B, \mu_B, \eta_B, \Delta_B, \varepsilon_B)$ *une super-bialgèbre et soient* (M, α_M) *et* (N, α_N) *deux B-supermodules avec les structures* α_M *et* α_N. *Alors* $M \otimes N$ *est un B-supermodule avec la structure*

$$\rho_{MN} = (\rho_M \otimes \rho_N) \circ \tau_{(23)} \circ (\Delta_B \otimes id_M \otimes id_N) : B \otimes M \otimes N \longrightarrow M \otimes N$$

Supermodule super-algèbres

Définition 6.1.5 *Soit A une super-algèbre sur $\mathbb{K}$ et B une super-bialgèbre. On suppose que A est un B-supermodule à gauche avec l'action*

$$\begin{aligned} \rho : \quad & B \otimes A \to A \\ & b \otimes x \mapsto b \cdot x. \end{aligned} \tag{6.1.4}$$

$\forall x \in A, \forall b \in B$, alors A est un B-**supermodule super-algèbre** à gauche si :

$$b \cdot xy = \sum (b_1 \cdot x)(b_2 \cdot y), \qquad (6.1.5)$$
$$b \cdot 1_A = \varepsilon(b) 1_A, \qquad (6.1.6)$$

Remarque 6.1.4 Soit $(B, \mu_B, \eta_B, \Delta_B, \varepsilon_B)$ une super-bialgèbre et soit (M, α_M) et (N, α_N) soient des B-supermodules avec les actions α_M et α_N. Alors $M \otimes N$ est un B-supermodule avec l'application de structure

$$\rho_{MN} = (\rho_M \otimes \rho_N) \circ (23) \circ (\Delta_B \otimes id_M \otimes id_N) : B \otimes M \otimes N \longrightarrow M \otimes N$$

B-Supermodule super-coalgèbres

Définition 6.1.6 Un B-supermodule à droite C est un B-**supermodule super-coalgèbre** à gauche si $(C, \Delta_C, \varepsilon_C)$ est une super-coalgèbre telle que pour tout $b \in B$ et $c \in C$

$$\varepsilon_C(c \cdot b) = \varepsilon_C(c) \varepsilon_B(b), \qquad (6.1.7)$$
$$\Delta_C(c) \cdot \Delta_B(b) = \Delta_C(c \cdot b), \text{ tels que} \qquad (6.1.8)$$
$$\sum \sum (-1)^{|c_{(2)}||b_{(2)}|} c_{(1)} \cdot b_{(1)} \otimes c_{(2)} \cdot b_{(2)} = \sum (c \cdot b)_{(1)} \otimes (c \cdot b)_{(2)}.$$

6.2 Definitions et Exemples de super-bialgèbres twistées

On généralise les transformations de Gauge utilisées par Drinfel'd et les twists de Giaquinto-Zhang des structures algébriques basés sur l'action de la bialgèbre au cas gradué.

Soit $(B, \mu_B, \eta_B, \Delta_B, \varepsilon_B)$ une super-bialgèbre.

Définition 6.2.1 Un élément $F \in B \otimes B$ est un **élément twist** (basé sur B) si ces trois conditions

$$(\Delta \otimes id)(F)(F \otimes 1) = (id \otimes \Delta)(F)(1 \otimes F), \qquad (6.2.1)$$
$$(\varepsilon \otimes id)(F) = 1 \otimes 1_B, \qquad (6.2.2)$$
$$(id \otimes \varepsilon)(F) = 1_B \otimes 1. \qquad (6.2.3)$$

sont satisfaites.

Exemple 6.2.1 *Soit B une super-bialgèbre quasitriangulaire avec la R-matrice R. Alors R_{21} est un twist.*

Exemple 6.2.2 *L'élément $1_B \otimes 1_B$ est un élément twist pour toute super-bialgèbre.*

Remarque 6.2.3 *Si A est quasitriangulaire avec R-matrice R, alors A^F l'est aussi, avec R-matrice*
$$R^F = F_{21}^{-1} R F$$

Théorème 6.2.4 *Si $F \in B \otimes B$ est un élément twist.*

*Si A est un B-**supermodule super-algèbre** à gauche alors (A_F, μ_F, η_A) est une super-algèbre, où la multiplication $\mu_F = \mu_A \circ F_l$ est définie par*
$$\mu_F(x \otimes y) = (\mu_A \circ F_l)(x \otimes y) = \mu_A(F_1(x) \otimes F_2(y)).$$

On généralise le théorème donné par Giaquinto-Zhang [24] au cas $\mathbb{Z}_2$-gradué.

Théorème 6.2.5 *Soit B une super-bialgèbre et $F \in B \otimes B$ un twist.*

1. *Si A est B-supermodule super-algèbre à gauche, alors $A_F = (A, \mu_A \circ F_l, \eta_A)$ est une super-algèbre.*

Démonstration 6.2.0.1 *Nous montrons que la multiplication $\mu_A \circ F_l$ est associative.*

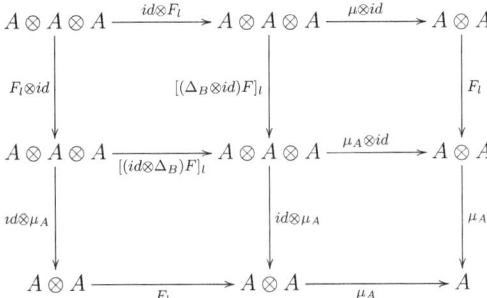

Démonstration 6.2.0.2 *On utilise la même démonstration que celle de Giaquinto et Zhang [24], La seule différence est que les applications sont toutes graduées. On montre que la multiplication $\mu_A \circ F_l$ est associative. Ce qui est équivalent à*

$$(\mu_A \circ F_l) \circ [(\mu_A \circ F_l) \otimes id_A] = (\mu_A \circ F_l) \circ [id_A \otimes (\mu_A \circ F_l)] \tag{6.2.4}$$

80 SUPER-ALGÈBRES DE HOPF

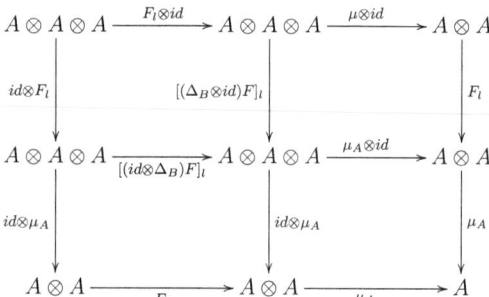

-Premièrement, le quatrième carré (le plus bas à droite) décrit l'associativité de μ_A.
-Deuxièment, le premier carré (le plus haut à gauche) commute par la deuxième condition de la définition de l'élément twist, puisque F est un élément twist.
-Troisièment, la commutativité de deux carrés diagonaux (le plus haut à droite et le plus bas à gauche) vient de la définition (6.1.5) puisque A est un B-supermodule super-algèbre à gauche.
Et en fin, le composé de la colonne du gauche avec la ligne du haut est l'application

$$(\mu_A \circ F_l) \circ [(\mu_A \circ F_l) \otimes id_A]$$

et le comopsé de la ligne du bas du diagramme avec la colonne du gauche est l'application

$$(\mu_A \circ F_l) \circ [id_A \otimes (\mu_A \circ F_l)]$$

d'où $\mu_A \circ F_l$ est associative.
Pour l'élément unité, par les définitions (6.1.6), (6.2.2) et (6.2.3) on a

$$(\mu_A \circ F)(1_A \otimes a) = [\mu_A \circ (\varepsilon_B \otimes id)F](1_A \otimes a) = a. \qquad (6.2.5)$$

6.2.1 Exemple d'application

Taft-Sweedler $\mathbb{K} < g, x > / < g^2 = 1, x^2 = 0, gx = -xg >$ possède une autre présentation avec les matrices sous ces formes suivantes $\begin{pmatrix} a & 0 & 0 & 0 \\ 0 & a & 0 & d \\ c & 0 & b & 0 \\ 0 & 0 & 0 & b \end{pmatrix}$. Les bases

CHAPITRE 6. SUPER-BIALGÈBRES TWISTÉES 81

correspondantes
$$u_1 = 1 = \begin{pmatrix} 1 & 0 & 0 & 0 \\ 0 & 1 & 0 & 0 \\ 0 & 0 & 1 & 0 \\ 0 & 0 & 0 & 1 \end{pmatrix}, \quad u_1 = g = \begin{pmatrix} -1 & 0 & 0 & 0 \\ 0 & -1 & 0 & 0 \\ 0 & 0 & 1 & 0 \\ 0 & 0 & 0 & 1 \end{pmatrix},$$

$$u_3 = x = \begin{pmatrix} 0 & 0 & 0 & 0 \\ 0 & 0 & 0 & -1 \\ 1 & 0 & 0 & 0 \\ 0 & 0 & 0 & 0 \end{pmatrix}, \quad u_4 = gx = \begin{pmatrix} 0 & 0 & 0 & 0 \\ 0 & 0 & 0 & 1 \\ 1 & 0 & 0 & 0 \\ 0 & 0 & 0 & 0 \end{pmatrix}.$$

Dans la classification de Gabriel, elle correspond à l'algèbre 11. Cette algèbre admet différentes graduation qui forme une super-algèbre. Selon la classification de Armour et Zhang
on a

11|1 $\left\{ \begin{pmatrix} a & 0 & 0 & 0 \\ 0 & a & 0 & d \\ c & 0 & b & 0 \\ 0 & 0 & 0 & b \end{pmatrix} / a, b, c, d \in \mathbb{K} \right\}$,

$$e_1^0 = \begin{pmatrix} 1 & 0 & 0 & 0 \\ 0 & 1 & 0 & 0 \\ 0 & 0 & 1 & 0 \\ 0 & 0 & 0 & 1 \end{pmatrix}, \quad e_2^0 = \begin{pmatrix} 1 & 0 & 0 & 0 \\ 0 & 1 & 0 & 0 \\ 0 & 0 & 0 & 0 \\ 0 & 0 & 0 & 0 \end{pmatrix}, \quad e_3^0 = \begin{pmatrix} 0 & 0 & 0 & 0 \\ 0 & 0 & 0 & 1 \\ 0 & 0 & 0 & 0 \\ 0 & 0 & 0 & 0 \end{pmatrix}, e_1^1 = \begin{pmatrix} 0 & 0 & 0 & 0 \\ 0 & 0 & 0 & 0 \\ 1 & 0 & 0 & 0 \\ 0 & 0 & 0 & 0 \end{pmatrix}.$$

11|2 $\left\{ \begin{pmatrix} a & 0 & 0 & 0 \\ 0 & a & 0 & d \\ c & 0 & b & 0 \\ 0 & 0 & 0 & b \end{pmatrix} / a, b, c, d \in \mathbb{K} \right\}$,

$$e_1^0 = \begin{pmatrix} 1 & 0 & 0 & 0 \\ 0 & 1 & 0 & 0 \\ 0 & 0 & 1 & 0 \\ 0 & 0 & 0 & 1 \end{pmatrix}, \quad e_2^0 = \begin{pmatrix} 1 & 0 & 0 & 0 \\ 0 & 1 & 0 & 0 \\ 0 & 0 & 0 & 0 \\ 0 & 0 & 0 & 0 \end{pmatrix}, \quad e_1^1 = \begin{pmatrix} 0 & 0 & 0 & 0 \\ 0 & 0 & 0 & 1 \\ 0 & 0 & 0 & 0 \\ 0 & 0 & 0 & 0 \end{pmatrix},$$

$$e_2^1 = \begin{pmatrix} 0 & 0 & 0 & 0 \\ 0 & 0 & 0 & 0 \\ 1 & 0 & 0 & 0 \\ 0 & 0 & 0 & 0 \end{pmatrix}.$$

11|3] $\left\{\begin{pmatrix} a & 0 & 0 & 0 \\ 0 & a & 0 & d \\ c & 0 & b & 0 \\ 0 & 0 & 0 & b \end{pmatrix} / a, b, c, d \in \mathbb{K}\right\}$,

$e_1^0 = \begin{pmatrix} 1 & 0 & 0 & 0 \\ 0 & 1 & 0 & 0 \\ 0 & 0 & 1 & 0 \\ 0 & 0 & 0 & 1 \end{pmatrix}$, $e_2^0 = \begin{pmatrix} 0 & 0 & 0 & 0 \\ 0 & 0 & 0 & 1 \\ 1 & 0 & 0 & 0 \\ 0 & 0 & 0 & 0 \end{pmatrix}$, $e_1^1 = \begin{pmatrix} 1 & 0 & 0 & 0 \\ 0 & 1 & 0 & 0 \\ 0 & 0 & -1 & 0 \\ 0 & 0 & 0 & -1 \end{pmatrix}$,

$e_2^1 = \begin{pmatrix} 0 & 0 & 0 & 0 \\ 0 & 0 & 0 & -1 \\ 1 & 0 & 0 & 0 \\ 0 & 0 & 0 & 0 \end{pmatrix}$.

Pour la multiplication $\mu_{11|2}$, on a

$\Delta^1_{11|2}(e_1^0) = e_1^0 \otimes e_1^0$,
$\Delta^1_{11|2}(e_2^0) = e_1^0 \otimes e_2^0 + e_2^0 \otimes e_1^0 - 2e_2^0 \otimes e_2^0$,
$\Delta^1_{11|2}(e_1^1) = e_1^0 \otimes e_1^1 + e_1^1 \otimes e_1^0 - e_1^0 \otimes e_2^1 - e_2^0 \otimes e_1^1 + e_2^1 \otimes e_2^0 + e_2^0 \otimes e_2^1$,
$\Delta^1_{11|2}(e_2^1) = e_1^0 \otimes e_2^1 + e_2^0 \otimes e_1^1 + e_1^1 \otimes e_2^0 + e_2^0 \otimes e_1^1 - e_2^0 \otimes e_2^1 - e_2^1 \otimes e_2^0$,
$\varepsilon^1_{11|2}(e_2^0) = 0$.

En se basant sur notre classification de super-algèbres de Hopf et de super-bialgèbre. Etudions la super-algèbre 11|2.

Dans la classification de Gabriel, elle correspond à l'algèbre 11. Cette algèbre admis différentes structures de $\mathbb{Z}_2$-graduée qui mènent aux super-algèbres. Selon la classification de Armour et Zhang.

On a 3 cas non-triviaux. Ce qui implique que seulement un seul cas qui possède une structure de super-bialgèbre. Cette super-bialgèbre est aussi une super-algèbre de Hopf.

$e_1^0 = \begin{pmatrix} 1 & 0 & 0 & 0 \\ 0 & 1 & 0 & 0 \\ 0 & 0 & 1 & 0 \\ 0 & 0 & 0 & 1 \end{pmatrix}$, $e_2^0 = \begin{pmatrix} 1 & 0 & 0 & 0 \\ 0 & 1 & 0 & 0 \\ 0 & 0 & 0 & 0 \\ 0 & 0 & 0 & 0 \end{pmatrix}$, $e_1^1 = \begin{pmatrix} 0 & 0 & 0 & 0 \\ 0 & 0 & 0 & 1 \\ 0 & 0 & 0 & 0 \\ 0 & 0 & 0 & 0 \end{pmatrix}$, $e_2^1 = \begin{pmatrix} 0 & 0 & 0 & 0 \\ 0 & 0 & 0 & 0 \\ 1 & 0 & 0 & 0 \\ 0 & 0 & 0 & 0 \end{pmatrix}$.

La partie paire est engendrée par u_1 et u_2 et la partie impaire est engendrée par u_3 et u_4. La multiplication est décrite dans le tableau suivant, en multipliant les éléments de la $i^{ième}$ ligne par ceux de la $j^{ième}$ colonne.

	u_1	u_2	u_3	u_4
u_1	u_1	u_2	u_3	u_4
u_2	u_2	u_1	u_4	u_3
u_3	u_3	$-u_4$	0	0
u_4	u_4	$-u_3$	0	0

et la super-coalgèbre dans la même base $\{u_1, u_2, u_3, u_4\}$, est définie par

$$\Delta(u_1) = u_1 \otimes u_1,$$
$$\Delta(u_2) = u_2 \otimes u_2,$$
$$\Delta(u_3) = u_2 \otimes u_3 + u_3 \otimes u_2,$$
$$\Delta(u_4) = u_1 \otimes u_4 + u_4 \otimes u_1,$$
$$\varepsilon(u_1) = \varepsilon(u_2) = 1, \, \varepsilon(u_3) = \varepsilon(u_4) = 0.$$

La structure de de super-algèbre de Hopf est définie par

$$S(u_1) = u_1, \, S(u_2) = u_2, \, S(u_3) = u_3, \, S(u_4) = -u_4$$

Notons que cette super-algèbre de Hopf est définie en utilisant la base suivante

$$u_1 = e_1^0, \, u_2 = 1 - 2e_2^0,$$
$$u_3 = -e_1^1 + e_2^1, \, u_4 = e_1^1 + e_2^1.$$

Étudions les éléments twist sous la forme

$$F = u_1 \otimes u_1 + \sum_{i,j=1}^{4} \alpha_{i,j} u_i \otimes u_j. \tag{6.2.6}$$

Les conditions (6.2.2) et (6.2.3) impliquent que pour $i,j = 1, \ldots, 4$. On aura

$\alpha_{1,1} = -\alpha_{1,2}, \alpha_{2,1} = -\alpha_{1,2}, \alpha_{2,2} = -\alpha_{1,2}, \alpha_{2,3} = -\alpha_{1,3}, \alpha_{3,2} = -\alpha_{3,1}, \alpha_{4,2} = -\alpha_{4,1}, \alpha_{2,3} = -\alpha_{1,3},$

En utilisant la condition (6.2.1) on obtient les matrices suivantes pour $\alpha_{i,j}$.

$$\begin{pmatrix} \alpha_{1,1} & 1-\alpha_{1,1} & 0 & 0 \\ 1-\alpha_{1,1} & -1+\alpha_{1,1} & 0 & 0 \\ 0 & 0 & 0 & 0 \\ 0 & 0 & 0 & \alpha_{4,4} \end{pmatrix} \tag{6.2.7}$$

telle que $\alpha_{4,4}\alpha_{1,1} = 0$

Proposition 6.2.1 *L'élément twist de la super-bialgèbre précédente B possède la forme*

$$F = u_1 \otimes u_1 + \alpha_{1,2}(-u_1 \otimes u_1 + u_1 \otimes u_2 + u_2 \otimes u_1 - u_2 \otimes u_2) + \alpha_{4,4} u_4 \otimes u_4.$$

Remarque 6.2.6

1. *Pour $\alpha_{1,2} = 1$, alors $F_1 = u_1 \otimes u_2 + u_2 \otimes u_1 - u_2 \otimes u_2$ est un élément twist pour B.*
2. *Pour $\alpha_{1,2} = 0$, et $\alpha_{4,4} = t$, alors $F_t = u_1 \otimes u_1 + t u_4 \otimes u_4$ est un élément twist pour B.*

Considérons la super-bialgèbre B définie ci-dessus. L'algèbre (A, μ_A, η_A) de dimension 4, est définie relativement à la base $\{e_1^0, e_2^0, e_1^1, e_2^1\}$ par le tableau suivant, où on multiplie les éléments de la $i^{\text{ème}}$ ligne par les éléments de la $j^{\text{ème}}$ colonne.

	e_1^0	e_2^0	e_1^1	e_2^1
e_1^0	e_1^0	e_2^0	e_1^1	e_2^1
e_2^0	e_2^0	0	e_2^1	0
e_1^1	e_1^1	$-e_2^1$	βe_1^0	$-\beta e_2^0$
e_2^1	e_2^1	0	βe_2^0	0

CHAPITRE 6. SUPER-BIALGÈBRES TWISTÉES 85

Nous essayons de définir sur A une structure de B-supermodule super-algèbre, on définit l'action par

	e_1^0	e_2^0	e_1^1	e_2^1
u_1	e_1^0	e_2^0	e_1^1	e_2^1
u_2	e_1^0	$\alpha_1 e_1^0 + \alpha_2 e_2^0$	$\alpha_3 e_1^1 + \alpha_4 e_2^1$	$\alpha_5 e_1^1 + \alpha_6 e_2^1$
u_3	0	$\alpha_7 e_1^1 + \alpha_8 e_2^1$	$\alpha_9 e_1^0 + \alpha_{10} e_2^0$	$\alpha_{11} e_1^0 + \alpha_{12} e_2^0$
u_4	0	$\alpha_{13} e_1^1 + \alpha_{14} e_2^1$	$\alpha_{15} e_1^0 + \alpha_{16} e_2^0$	$\alpha_{17} e_1^0 + \alpha_{18} e_2^0$

En considérant $\beta \neq 0$, après les calculs, on obtient l'action de super-bialgèbre B sur la super-algèbre A :

	e_1^0	e_2^0	e_1^1	e_2^1
u_1	e_1^0	e_2^0	e_1^1	e_2^1
u_2	e_1^0	$\lambda_1 e_2^0$	$\lambda_2 e_1^1$	$\lambda_1 \lambda_2 e_2^1$
u_3	0	0	$\lambda_3 e_2^0$	0
u_4	0	0	$\lambda_1 \lambda_3 e_2^0$	0

avec $\lambda_1^2 = 1, \lambda_2^2 = 1, \lambda_3(\lambda_1 + \lambda_2) = 0$.

L'élément twist donne une nouvelle multiplication sur un $\mathbb{K}$-supermodule de B-supermodule super-algèbre et une nouvelle comultiplication sur $\mathbb{K}$-supermodule de B-supermodule super-coalgèbre. Pour cette super-algèbre, la multiplication twistée est définie par la composition $\mu_A \circ F_l : A \otimes A \longrightarrow A$ et pour cette super-coalgèbre, la comultiplication twistée est $F_r \circ \Delta_C : C \longrightarrow C \otimes C$.

Exemple 6.2.7 *Soit* $(A, \mu, \eta, \Delta, \varepsilon, S)$ *une super-algèbre de Hopf. Si un élément F de A est un twist, alors on peut définir une nouvelle super-algèbre de Hopf* $(A^F, \mu, \eta, \Delta^F, \varepsilon, S^F)$, *telle que*
$$\Delta^F(a) = F^{-1}\Delta(a)F, \text{ pour tout } a \in A,$$
et l'antipode est déterminé par
$$S^F(a) = Q^{-1}S(a)Q, \text{ pour tout } a \in A,$$
où $Q = \mu \circ (S \otimes Id)(F)$.

Par dualité, on obtient le résultat suivant

Théorème 6.2.8 *Soit* $F \in B \otimes B$ *un élément twist. Si* $(C, \Delta_C, \varepsilon_C)$ *est un B-supermodule super-coalgebra à droite, alors* $C_F = (C, F_r \circ \Delta_C, \varepsilon_C)$ *est une super-coalgèbre associative.*

6.2.2 Formule de déformation universelle

Les formules de déformation universelles sont des cas particuliers d'élément twist.

Définition 6.2.2 *Une formule de déformation universelle basée sur une super-bialgèbre B est un élément twist F de la forme*
$$F = 1_B \otimes 1_B + tF_1 + t^2F_2 + \cdots + t^nF_n + \cdots \qquad (6.2.8)$$
pour tout $F_i \in B \otimes B$.

Exemple 6.2.9 *L'exemple précédent est aussi une formule de déformation universelle en posant* $\alpha_{i,j} = \alpha'_{i,j}$.

Proposition 6.2.2 *Soit B une super-bialgèbre commutative et son espace d'éléments primitives $Prim(B)$, alors pour tout* $r \in Prim(B) \otimes Prim(B)$
$$Exp(tr) = \sum_{i=0}^{\infty} \frac{t^i}{i!} = 1_B \otimes 1_B + tr + \frac{t^2}{2!}r^2 + \cdots + \frac{t^n}{n!}r^n + \cdots \qquad (6.2.9)$$
est une formule de déformation universelle.

Conclusion et perspectives

Les travaux présentés dans cette thèse, s'inscrivent dans le cadre des recherches menées sur les structures des bialgèbres et les algèbres de Hopf graduées. L'objectif de ce travail étant d'étudier la structure des super-bialgèbres et des super-algèbres de Hopf. Il s'agit de produire des théorèmes de structures et des classifications. On s'intéresse aussi aux leurs structures quasitriangulaires. Les algèbres de Hopf graduées et leurs propriétés sont devenues l'objet d'études intéréssantes au cours de ces dernières années, beaucoup de travaux scientifiques ont été réalisés dans ce domaine. Notre recherche bibliographique a permis de faire ressortir les points suivants : bien connaitre les différentes structures des algèbres de de Hopf graduées, trouver les liens existants entre ces structures ainsi que les travaux effectués dans le domaine. Le chantier du domaine des algèbres graduées reste vaste et vague, d'autres travaux concernant les propriétés et la structure de ces algèbres graduées, tels que les classifications en dimensions supérieures, le calcul de cohomologie et l'étude de la théorie de déformations et de dégénérations, ainsi que de quantifications sont envisageables. Sachant, il faut bien le souligner que la tâche n'est pas toujours facile et les calculs sont vraiment difficiles !. D'ailleurs, il nous a paru nécessaire pour répondre à certaines questions d'utiliser un logiciel de calcul formel "Mathematica". Les résultats obtenus permettent d'apporter une pièrre à l'édifice des super-bialgèbres et des super-algèbres de Hopf.

Chapitre 7

Annexe

7.1 Classification des super-bialgèbres triviales

Nous rappelons les principaux résultats obtenus par Dekkar et Makhlouf [14], en se basant sur les travaux de Gabriel [19], ils ont classifiés les bialgèbres de dimension 2 et 3. L'idée est de chercher pour chaque algèbre fixée, les coalgèbres possibles qui donnent avec ladite algèbre, des structures de bialgèbres.

Notons par $A_{i,j}^k$ la bialgèbre $(A, \mu_{i,j}, \eta, \Delta_{i,j}^k, \varepsilon_{i,j}^k)$, avec k est la dimension de l'espace vectoriel adjacent, dans notre cas $k = 2, 3$. i est l'indice de l'algèbre du départ et j l'indice de la coalgèbre obtenue de l'algèbre i. Dans le soucis de simplification, on considère les algèbres associative et unitaire d'élément unité noté dans les deux cas $1 = e_1$. On peut montrer que l'élément unité 1 est un élément groupe-like (ie. $\Delta(1) = 1 \otimes 1$) et $\varepsilon(1) = 1$ avec Δ est la comultiplication, ε la counité de la coalgèbre obtenue.

7.1.1 Classification des super-bialgèbres triviales en dimension 2

L'ensemble des algèbres associatives et unitaires de dimension 2 contient deux algèbres non-isomorphes. Soit $\{1, x\}$ base de $\mathbb{K}^2$, les algèbres sont données par les produits suivants :

1. $\mu_1^2(1 \otimes x) = \mu_1^2(x \otimes 1) = x$, $\mu_1^2(x \otimes x) = x$.
2. $\mu_2^2(1 \otimes x) = \mu_2^2(1 \otimes x) = x$, $\mu_2^2(x \otimes x) = 0$.

Alors on a les coalgèbres, combinées avec μ_1^2, donnent les structures de bialgèbres (à isomorphisme près)

1. $\Delta_{1,1}^2(x) = 1 \otimes x + x \otimes 1 - 2x \otimes x$, $\varepsilon_{1,1}^2(x) = 0$.

2. $\Delta_{1,2}^2(x) = x \otimes x$, $\varepsilon_{1,2}^2(x) = 1$.
3. $\Delta_{1,3}^2(x) = 1 \otimes x + x \otimes 1 - x \otimes x$, $\varepsilon_{1,3}^2(x) = 0$.

L'algèbre μ_2^2 n'a pas de structures de bialgèbres.

7.1.2 Classification des super-bialgèbres triviales en dimension 3

On rappelle les classifications des algèbres de dimension 3 (voir [19]). Soit $\{1, x, y\}$ base de $\mathbb{K}^3$, sachant que 1 est l'élément unité, les algèbres sont données par les produits suivants :

1. $\mu_1^3(x \otimes x) = x, \mu_1^3(x \otimes y) = \mu_1^3(y \otimes x) = \mu_1^3(y \otimes y) = y$.
2. $\mu_2^3(x \otimes x) = x, \mu_2^3(x \otimes y) = \mu_2^3(y \otimes x) = y$, $\mu_2^3(y \otimes y) = 0$.
3. $\mu_3^3(x \otimes x) = x, \mu_3^3(x \otimes y) = \mu_3^3(y \otimes x) = \mu_3^3(y \otimes y) = 0$.
4. $\mu_4^3(x \otimes x) = \mu_4^3(x \otimes y) = \mu_4^3(y \otimes x) = \mu_4^3(y \otimes y) = 0$.
5. $\mu_1^3(x \otimes x) = x, \mu_5^3(x \otimes y) = y$, $\mu_5^3(y \otimes x) = \mu_5^3(y \otimes y) = 0$.

Les coalgèbres combinées avec μ_1^3 donnent les structures de bialgèbres (à isomorphisme près)

1. $\Delta_{1,1}^3(x) = 1 \otimes x + x \otimes 1 - x \otimes x$, $\Delta_{1,1}^3(y) = 1 \otimes y + y \otimes 1 - 2y \otimes y$, $\varepsilon_{1,1}^3(x) = 0$, $\varepsilon_{1,1}^3(y) = 0$.
2. $\Delta_{1,2}^3(x) = 1 \otimes x + x \otimes 1 - x \otimes x$, $\Delta_{1,2}^3(y) = 1 \otimes y + y \otimes 1 - y \otimes y$, $\varepsilon_{1,2}^3(x) = 0$, $\varepsilon_{1,2}^3(y) = 0$.
3. $\Delta_{1,3}^3(x) = 1 \otimes x + x \otimes 1 - x \otimes x$, $\Delta_{1,3}^3(y) = 1 \otimes y + y \otimes 1 - x \otimes y - y \otimes x - y \otimes y$, $\varepsilon_{1,3}^3(x) = 0$, $\varepsilon_{1,3}^3(y) = 0$.
4. $\Delta_{1,4}^3(x) = 1 \otimes x + x \otimes 1 - x \otimes x$, $\Delta_{1,4}^3(y) = 1 \otimes y + y \otimes 1 - x \otimes y - y \otimes x$, $\varepsilon_{1,4}^3(x) = 0$, $\varepsilon_{1,4}^3(y) = 0$.
5. $\Delta_{1,5}^3(x) = 1 \otimes x + x \otimes 1 - x \otimes x$, $\Delta_{1,5}^3(y) = 1 \otimes y + y \otimes 1 - x \otimes y$, $\varepsilon_{1,5}^3(x) = 0$, $\varepsilon_{1,5}^3(y) = 0$.
6. $\Delta_{1,6}^3(x) = 1 \otimes x + x \otimes 1 - x \otimes x$, $\Delta_{1,6}^3(y) = 1 \otimes y + y \otimes 1 - y \otimes x$, $\varepsilon_{1,6}^3(x) = 0$, $\varepsilon_{1,6}^3(y) = 0$.
7. $\Delta_{1,7}^3(x) = x \otimes x$, $\Delta_{1,7}^3(y) = x \otimes y + y \otimes x - 2y \otimes y$, $\varepsilon_{1,7}^3(x) = 1$, $\varepsilon_{1,7}^3(y) = 0$.
8. $\Delta_{1,8}^3(x) = x \otimes x$, $\Delta_{1,8}^3(y) = x \otimes y + y \otimes x - y \otimes y$, $\varepsilon_{1,8}^3(x) = 1$, $\varepsilon_{1,8}^3(y) = 0$.
9. $\Delta_{1,9}^3(x) = 1 \otimes y + y \otimes 1 + x \otimes x - x \otimes y - y \otimes x$, $\Delta_{1,9}^3(y) = 1 \otimes y + y \otimes 1 - y \otimes x$, $\varepsilon_{1,9}^3(x) = 1$, $\varepsilon_{1,9}^3(y) = 0$.

10. $\Delta^3_{1,10}(x) = 1 \otimes y + y \otimes 1 + x \otimes x - x \otimes y - y \otimes x + y \otimes y$, $\Delta^3_{1,10}(y) = 1 \otimes y + y \otimes 1 - 2y \otimes y$, $\varepsilon^3_{1,10}(x) = 1$, $\varepsilon^3_{1,10}(y) = 0$.

11. $\Delta^3_{1,11}(x) = x \otimes x + y \otimes 1 - y \otimes x$, $\Delta^3_{1,11}(y) = x \otimes y + y \otimes 1 - y \otimes y$, $\varepsilon^3_{1,11}(x) = 1$, $\varepsilon^3_{1,11}(y) = 0$.

12. $\Delta^3_{1,12}(x) = 1 \otimes y + x \otimes x - x \otimes y$, $\Delta^3_{1,12}(y) = 1 \otimes y + y \otimes x - y \otimes y$, $\varepsilon^3_{1,12}(x) = 1$, $\varepsilon^3_{1,12}(y) = 0$.

13. $\Delta^3_{1,13}(x) = 1 \otimes x + x \otimes 1 - 1 \otimes y - y \otimes 1 + x \otimes y + y \otimes x - x \otimes x$, $\Delta^3_{1,13}(y) = x \otimes y + y \otimes x - 2y \otimes y$, $\varepsilon^3_{1,13}(x) = 1$, $\varepsilon^3_{1,13}(y) = 1$.

14. $\Delta^3_{1,14}(x) = 1 \otimes x + x \otimes 1 - 1 \otimes y - y \otimes 1 + 2x \otimes y + 2y \otimes x - 2x \otimes x - y \otimes y$, $\Delta^3_{1,14}(y) = x \otimes y + y \otimes x - y \otimes y$, $\varepsilon^3_{1,14}(x) = 1$, $\varepsilon^3_{1,14}(y) = 1$.

15. $\Delta^3_{1,15}(x) = x \otimes x$, $\Delta^3_{1,15}(y) = y \otimes y$, $\varepsilon^3_{1,15}(x) = 1$, $\varepsilon^3_{1,15}(y) = 1$.

16. $\Delta^3_{1,16}(x) = x \otimes x$, $\Delta^3_{1,16}(y) = x \otimes x - x \otimes y - y \otimes x + 2y \otimes y$, $\varepsilon^3_{1,16}(x) = 1$, $\varepsilon^3_{1,16}(y) = 1$.

17. $\Delta^3_{1,17}(x) = x \otimes y + y \otimes x - y \otimes y$, $\Delta^3_{1,17}(y) = y \otimes y$, $\varepsilon^3_{1,17}(x) = 1$, $\varepsilon^3_{1,17}(y) = 1$.

18. $\Delta^3_{1,18}(x) = x \otimes 1 - y \otimes 1 + y \otimes x$, $\Delta^3_{1,18}(y) = y \otimes y$, $\varepsilon^3_{1,18}(x) = 1$, $\varepsilon^3_{1,18}(y) = 1$.

Les coalgèbres combinées avec μ^3_1 donnent les structures de bialgèbres (à isomorphisme près)

1. $\Delta^3_{2,1}(x) = 1 \otimes x + x \otimes 1 - x \otimes x$, $\Delta^3_{2,1}(y) = 1 \otimes y + y \otimes 1 - y \otimes x$, $\varepsilon^3_{2,1}(x) = 0$, $\varepsilon^3_{2,1}(y) = 0$.

2. $\Delta^3_{2,2}(x) = 1 \otimes x + x \otimes 1 - x \otimes x$, $\Delta^3_{2,2}(y) = 1 \otimes y + y \otimes 1 + x \otimes y$, $\varepsilon^3_{2,2}(x) = 0$, $\varepsilon^3_{2,2}(y) = 0$.

3. $\Delta^3_{2,3}(x) = 1 \otimes x + x \otimes 1 - x \otimes x$, $\Delta^3_{2,3}(y) = 1 \otimes y + y \otimes 1 - y \otimes x - x \otimes y + \lambda y \otimes y$, $\varepsilon^3_{2,3}(x) = 0$, $\varepsilon^3_{2,3}(y) = 0$.

Les coalgèbres combinées avec μ^3_3 donnent les structures de bialgèbres (à isomorphisme près)

1. $\Delta^3_{3,1}(x) = x \otimes x$, $\Delta^3_{3,1}(y) = x \otimes y + y \otimes x$, $\varepsilon^3_{3,1}(x) = 1$, $\varepsilon^3_{3,1}(y) = 0$.

2. $\Delta^3_{3,2}(x) = x \otimes x$, $\Delta^3_{3,2}(y) = 1 \otimes y + y \otimes x$, $\varepsilon^3_{3,2}(x) = 1$, $\varepsilon^3_{3,2}(y) = 0$.

3. $\Delta^3_{3,3}(x) = x \otimes x$, $\Delta^3_{3,3}(y) = x \otimes y + y \otimes 1$, $\varepsilon^3_{3,3}(x) = 1$, $\varepsilon^3_{3,3}(y) = 0$.

L'algèbre μ^3_4 n'a pas de structures de bialgèbres.

Pour l'algèbre μ^3_5, on a une seule structure de bialgèbre (à isomorphisme près)

1. $\Delta^3_{5,1}(x) = x \otimes x$, $\Delta^3_{5,1}(y) = x \otimes y + y \otimes x$, $\varepsilon^3_{5,1}(x) = 1$, $\varepsilon^3_{5,1}(y) = 0$.

7.2 Algorithmes de calcul de super-bialgèbres et de super-algèbres de Hopf

Calculs des structures de superbialgèbres de dimension 4 Cas dimension de la partie paire est 3

Dans ce programme, on applique l'algorithme à la superalgèbre 4I1 de la classification de Zhang et Armour. On a choisi le cas simple, le calcul pour les autres superalgèbres est similaire.

Algorithm

Premièrement, on fixe les dimensions des parties paire et impaire et on fait rentrer les éléments de la base.

Deuxièment : On fait rentrer la structure de superalgèbre avec ses constantes de structuresc[i,s][j,t][k] (On utilise la classification de superalgèbres donnée dans le papier de Zhang)
       1- renter la multiplication de la superalgèbre,
       2- on fixe l'élément unité,
       3- vérifier les équations de la condition de l'associativité (Equations 2.1 page 9, c'est pour vérifier l'exactitude).

Après   on calcule les structures de la supercoalgèbre :
          1- rentrer les constantes de structures d[i,l][j,s][k] de la comultiplication,
          2- écrire les équations de la coassociativité ,
          3- rentrer les constantes de structures de la counité   ksi[i,0].
          4- écrire la condition de la counité.
          5- écrire le système pour obtenir une structure de supercoalgèbre.

Enfin: Pour obtenir la structure de la superbialgèbre on doit ajouter les conditions de compatibilités pour les deux structure ci-dessus (structure de superalgèbres et supercoalgèbres) .
       1- écrire les conditions de compatibilités.
        2- résoudre le système complet qui a comme variables les constantes de structures de la comultiplication et de la counités.
       3- imprimer les solutions.

Rentrer les dimensions

```
dim[0] = 3; dim[1] = 1;
```

```
delta[i_, j_] := If[i == j, 1, 0]
```

Rentrer la multiplication

```
CS1 = Flatten[Table[c[i, s][j, t][k], {s, 0, 1},
    {i, 1, dim[s]}, {t, 0, 1}, {j, 1, dim[t]}, {k, 1, dim[Mod[s + t, 2]]}]]

{c[1, 0][1, 0][1], c[1, 0][1, 0][2], c[1, 0][1, 0][3], c[1, 0][2, 0][1],
 c[1, 0][2, 0][2], c[1, 0][2, 0][3], c[1, 0][3, 0][1], c[1, 0][3, 0][2],
 c[1, 0][3, 0][3], c[1, 0][1, 1][1], c[2, 0][1, 0][1], c[2, 0][1, 0][2],
 c[2, 0][1, 0][3], c[2, 0][2, 0][1], c[2, 0][2, 0][2], c[2, 0][2, 0][3],
 c[2, 0][3, 0][1], c[2, 0][3, 0][2], c[2, 0][3, 0][3], c[2, 0][1, 1][1],
 c[3, 0][1, 0][1], c[3, 0][1, 0][2], c[3, 0][1, 0][3], c[3, 0][2, 0][1],
 c[3, 0][2, 0][2], c[3, 0][2, 0][3], c[3, 0][3, 0][1], c[3, 0][3, 0][2],
 c[3, 0][3, 0][3], c[3, 0][1, 1][1], c[1, 1][1, 0][1], c[1, 1][2, 0][1],
 c[1, 1][3, 0][1], c[1, 1][1, 1][1], c[1, 1][1, 1][2], c[1, 1][1, 1][3]}
```

Rentrer l'unité

```
For[i = 1, i ≤ dim[0], i++, For[k = 1, k ≤ dim[0], k++,
    c[i, 0][1, 0][k] = delta[i, k]; c[1, 0][i, 0][k] = delta[i, k]]];
For[i = 1, i ≤ dim[1], i++, For[k = 1, k ≤ dim[1], k++,
    c[i, 1][1, 0][k] = delta[i, k]; c[1, 0][i, 1][k] = delta[i, k]]];

{c[2, 0][2, 0][1] = 0, c[2, 0][2, 0][2] = 1,
 c[2, 0][2, 0][3] = 0, c[2, 0][3, 0][1] = 0, c[2, 0][3, 0][2] = 0,
 c[2, 0][3, 0][3] = 0, c[2, 0][1, 1][1] = 0, c[3, 0][2, 0][1] = 0,
 c[3, 0][2, 0][2] = 0, c[3, 0][2, 0][3] = 0, c[3, 0][3, 0][1] = 0,
 c[3, 0][3, 0][2] = 0, c[3, 0][3, 0][3] = 0, c[3, 0][1, 1][1] = 0,
 c[1, 1][2, 0][1] = 0, c[1, 1][3, 0][1] = 0, c[1, 1][1, 1][1] = 0,
 c[1, 1][1, 1][2] = 0, c[1, 1][1, 1][3] = 1};
```

Vérifier la condition de l'associativité

```
GAsso[s_, i_, t_, j_, m_, h_, l_] :=
 (∑_{k=1}^{dim[Mod[s+t,2]]} c[i, s][j, t][k] * c[k, Mod[s + t, 2]][h, m][l]) -
 (∑_{k=1}^{dim[Mod[m+t,2]]} c[j, t][h, m][k] * c[i, s][k, Mod[t + m, 2]][l])

PolyGAsso[] :=
 Flatten[Table[GAsso[s, i, t, j, m, h, l], {s, 0, 1}, {i, 1, dim[s]}, {t, 0, 1},
    {j, 1, dim[t]}, {m, 0, 1}, {h, 1, dim[m]}, {l, 1, dim[Mod[s + t + m, 2]]}]]

PAsso = Union[Simplify[PolyGAsso[]]]

{0}
```

Sortir la structure de la supercoalgèbre

Rentrer les constantes de structures pour la comultiplication

```
CS2 = Flatten[Table[d[i, 1][j, s][k], {i, 0, 1},
    {i, 1, dim[1]}, {s, 0, 1}, {j, 1, dim[s]}, {k, 1, dim[Mod[s+1, 2]]}]]
```

{d[1, 0][1, 0][1], d[1, 0][1, 0][2], d[1, 0][1, 0][3], d[1, 0][2, 0][1],
d[1, 0][2, 0][2], d[1, 0][2, 0][3], d[1, 0][3, 0][1], d[1, 0][3, 0][2],
d[1, 0][3, 0][3], d[1, 0][1, 1][1], d[2, 0][1, 0][1], d[2, 0][1, 0][2],
d[2, 0][1, 0][3], d[2, 0][2, 0][1], d[2, 0][2, 0][2], d[2, 0][2, 0][3],
d[2, 0][3, 0][1], d[2, 0][3, 0][2], d[2, 0][3, 0][3], d[2, 0][1, 1][1],
d[3, 0][1, 0][1], d[3, 0][1, 0][2], d[3, 0][1, 0][3], d[3, 0][2, 0][1],
d[3, 0][2, 0][2], d[3, 0][2, 0][3], d[3, 0][3, 0][1], d[3, 0][3, 0][2],
d[3, 0][3, 0][3], d[3, 0][1, 1][1], d[1, 1][1, 0][1], d[1, 1][2, 0][1],
d[1, 1][3, 0][1], d[1, 1][1, 1][1], d[1, 1][1, 1][2], d[1, 1][1, 1][3]}

Vérifier la coassociativité

$$L[i\_, 1\_] := \sum_{s=0}^{1} \sum_{j=1}^{dim[s]} \sum_{k=1}^{dim[Mod[s+1,2]]} \sum_{m=0}^{1} \sum_{u=1}^{dim[m]} \sum_{v=1}^{dim[Mod[m+s,2]]} (d[i, 1][j, s][k] * d[j, s][u, m][v] *$$
$$X[u, m, v, Mod[m+s, 2], k, Mod[1+s, 2]])$$

$$R[i\_, 1\_] := \sum_{s=0}^{1} \sum_{j=1}^{dim[s]} \sum_{k=1}^{dim[Mod[s+1,2]]} \sum_{n=0}^{1} \sum_{p=1}^{dim[n]} \sum_{q=1}^{dim[Mod[n+s+1,2]]} (d[i, 1][j, s][k] * d[k, Mod[1+s, 2]][$$
$$p, n][q] * X[j, s, p, n, q, Mod[n+s+1, 2]])$$

```
XX = Flatten[Table[X[i1, s1, i2, s2, i3, s3], {s1, 0, 1},
    {i1, dim[s1]}, {s2, 0, 1}, {i2, dim[s2]}, {s3, 0, 1}, {i3, dim[s3]}]];
```

```
V = Flatten[Table[Simplify[L[i, 1] - R[i, 1]], {1, 0, 1}, {i, 1, dim[1]}]];
```

```
Cond = {}
```

{}

```
For[i = 1, i ≤ Length[V], i++, Cond = Append[Cond, Coefficient[V[[i]], XX]]]
```

```
Length[Cond]
```

4

We assume that e(1, 0) is a grouplike element

```
For[i = 1, i ≤ dim[0], i++, For[j = 1, j ≤ dim[0], j++, d[1, 0][i, 0][j] = 0]];
For[i = 1, i ≤ dim[1], i++, For[j = 1, j ≤ dim[1], j++, d[1, 0][i, 1][j] = 0]];
d[1, 0][1, 0][1] = 1;
```

```
PCoAsso = Union[Simplify[Flatten[Cond]]];
```

Rentrer les constantes de structures de la counité

```
ksi[i_, 1] := 0;
```

```
ksi[1, 0] = 1;
```

```
KSI = Table[ksi[i, 0], {i, 2, dim[0]}]
```

```
{ksi[2, 0], ksi[3, 0]}
```

Vérifier les conditions de compatibilté de la counité et la comultiplication pour obtenir la structure de la supercoalgèbre

$$\text{CoLeft}[i\_, 1\_, j\_] := \sum_{k=1}^{\dim[0]} \text{ksi}[k, 0] * d[i, 1][j, 1][k] - \text{delta}[i, j]$$

```
CoEq1 = Union[
  Flatten[Table[CoLeft[i, 1, j], {1, 0, 1}, {i, 1, dim[1]}, {j, 1, dim[1]}]]]
```

```
{0, -1 + d[1, 1][1, 1][1] + ksi[2, 0] d[1, 1][1, 1][2] + ksi[3, 0] d[1, 1][1, 1][3],
 d[2, 0][1, 0][1] + ksi[2, 0] d[2, 0][1, 0][2] + ksi[3, 0] d[2, 0][1, 0][3],
 -1 + d[2, 0][2, 0][1] + ksi[2, 0] d[2, 0][2, 0][2] + ksi[3, 0] d[2, 0][2, 0][3],
 d[2, 0][3, 0][1] + ksi[2, 0] d[2, 0][3, 0][2] + ksi[3, 0] d[2, 0][3, 0][3],
 d[3, 0][1, 0][1] + ksi[2, 0] d[3, 0][1, 0][2] + ksi[3, 0] d[3, 0][1, 0][3],
 d[3, 0][2, 0][1] + ksi[2, 0] d[3, 0][2, 0][2] + ksi[3, 0] d[3, 0][2, 0][3],
 -1 + d[3, 0][3, 0][1] + ksi[2, 0] d[3, 0][3, 0][2] + ksi[3, 0] d[3, 0][3, 0][3]}
```

$$\text{CoRight}[i\_, 1\_, k\_] := \sum_{j=1}^{\dim[0]} \text{ksi}[j, 0] * d[i, 1][j, 0][k] - \text{delta}[i, k]$$

```
CoEq2 = Union[
  Flatten[Table[CoRight[i, 1, k], {1, 0, 1}, {i, 1, dim[1]}, {k, 1, dim[1]}]]]
```

```
{0, -1 + d[1, 1][1, 0][1] + ksi[2, 0] d[1, 1][2, 0][1] + ksi[3, 0] d[1, 1][3, 0][1],
 d[2, 0][1, 0][1] + ksi[2, 0] d[2, 0][2, 0][1] + ksi[3, 0] d[2, 0][3, 0][1],
 -1 + d[2, 0][1, 0][2] + ksi[2, 0] d[2, 0][2, 0][2] + ksi[3, 0] d[2, 0][3, 0][2],
 d[2, 0][1, 0][3] + ksi[2, 0] d[2, 0][2, 0][3] + ksi[3, 0] d[2, 0][3, 0][3],
 d[3, 0][1, 0][1] + ksi[2, 0] d[3, 0][2, 0][1] + ksi[3, 0] d[3, 0][3, 0][1],
 d[3, 0][1, 0][2] + ksi[2, 0] d[3, 0][2, 0][2] + ksi[3, 0] d[3, 0][3, 0][2],
 -1 + d[3, 0][1, 0][3] + ksi[2, 0] d[3, 0][2, 0][3] + ksi[3, 0] d[3, 0][3, 0][3]}
```

Vérifier les conditions de compatibilté de la counité et la multiplication de la superalgèbre

```
Asso[i_, s_, j_, t_] :=
   dim[Mod[t+s,2]]
      ∑      ksi[k, Mod[t + s, 2]] * c[i, s][j, t][k] - ksi[i, s] * ksi[j, t]
     k=1
```

```
AssoEq = Union[Flatten[
   Table[Asso[i, s, j, t], {s, 0, 1}, {t, 0, 1}, {i, 1, dim[s]}, {j, 1, dim[t]}]]]
```

$\{0, \text{ksi}[2, 0] - \text{ksi}[2, 0]^2, \text{ksi}[3, 0], -\text{ksi}[2, 0]\,\text{ksi}[3, 0], -\text{ksi}[3, 0]^2\}$

Sortir le système algébrique où les variables de la counité et la comultiplication satisfont les conditions de compatibilité entre la multiplication et la comultiplication

```
CoEq = Union[Simplify[Flatten[{CoEq1, CoEq2, AssoEq}]]];
```

```
Variables[CoEq]
```

{ksi[2, 0], ksi[3, 0], d[1, 1][1, 0][1], d[1, 1][1, 1][1],
 d[1, 1][1, 1][2], d[1, 1][1, 1][3], d[1, 1][2, 0][1],
 d[1, 1][3, 0][1], d[2, 0][1, 0][1], d[2, 0][1, 0][2],
 d[2, 0][1, 0][3], d[2, 0][2, 0][1], d[2, 0][2, 0][2], d[2, 0][2, 0][3],
 d[2, 0][3, 0][1], d[2, 0][3, 0][2], d[2, 0][3, 0][3], d[3, 0][1, 0][1],
 d[3, 0][1, 0][2], d[3, 0][1, 0][3], d[3, 0][2, 0][1], d[3, 0][2, 0][2],
 d[3, 0][2, 0][3], d[3, 0][3, 0][1], d[3, 0][3, 0][2], d[3, 0][3, 0][3]}

Sortir le système en vérifiant toutes les conditions

```
CoalEq = Simplify[Union[{PCoAsso, CoEq}]];
```

Vérifier la condition compatibilité

```
compat1[i_, s_, j_, t_] :=
```

$$\sum_{k=1}^{\dim[\text{Mod}[s+t,2]]} \sum_{l=0}^{1} \sum_{p=1}^{\dim[l]} \sum_{q=1}^{\dim[\text{Mod}[l+t+s,2]]} (d[k, \text{Mod}[t + s, 2]][p, l][q] *$$

$$c[i, s][j, t][k] * Y[p, l, q, \text{Mod}[l + s + t, 2]])$$

```
compat2[i_, s_, j_, t_] :=
```

$$\sum_{m=0}^{1}\sum_{u=1}^{\dim[m]}\sum_{v=1}^{\dim[\text{Mod}[s+m,2]]}\sum_{mm=0}^{1}\sum_{uu=1}^{\dim[mm]}\sum_{vv=1}^{\dim[\text{Mod}[t+mm,2]]}\sum_{h=1}^{\dim[\text{Mod}[m+mm,2]]}\sum_{n=1}^{\dim[\text{Mod}[m+mm+t+s,2]]}((-1)^{(m+s)\,mm}$$

$$c[u, m][uu, mm][h] * c[v, \text{Mod}[m + s, 2]][vv, \text{Mod}[t + mm, 2]][n] *$$

$$Y[h, \text{Mod}[m + mm, 2], n, \text{Mod}[m + mm + s + t, 2]])$$

```
YY = Flatten[
   Table[Y[i1, s1, i2, s2], {s1, 0, 1}, {i1, dim[s1]}, {s2, 0, 1}, {i2, dim[s2]}]]

{Y[1, 0, 1, 0], Y[1, 0, 2, 0], Y[1, 0, 3, 0], Y[1, 0, 1, 1],
 Y[2, 0, 1, 0], Y[2, 0, 2, 0], Y[2, 0, 3, 0], Y[2, 0, 1, 1],
 Y[3, 0, 1, 0], Y[3, 0, 2, 0], Y[3, 0, 3, 0], Y[3, 0, 1, 1],
 Y[1, 1, 1, 0], Y[1, 1, 2, 0], Y[1, 1, 3, 0], Y[1, 1, 1, 1]}
```

```
V = Flatten[Table[Simplify[compat1[i, s, j, t] - compat2[i, s, j, t]],
   {s, 0, 1}, {i, 1, dim[s]}, {t, 0, 1}, {j, 1, dim[t]}]];
```

```
CondCompat = {};
```

```
For[i = 1, i ≤ Length[V], i++,
   CondCompat = Append[CondCompat, Coefficient[V[[i]], YY]]];
```

```
PCcompat = Union[Simplify[Flatten[CondCompat]]];
```

```
Pcompat1 = Union[Simplify[Flatten[{CoalEq, PCcompat}]]];
```

Résoudre le système algébrique avec les variables de la counité et la comultiplication

```
Sol1 = Solve[Pcompat1 == 0, Variables[Pcompat1]]

{{ksi[2, 0] → 1, ksi[3, 0] → 0, d[1, 1][1, 0][1] → 0, d[1, 1][1, 1][1] → 1,
  d[1, 1][1, 1][2] → 0, d[1, 1][1, 1][3] → 0, d[1, 1][2, 0][1] → 1,
  d[1, 1][3, 0][1] → 0, d[2, 0][1, 0][1] → 0, d[2, 0][1, 0][2] → 0,
  d[2, 0][1, 0][3] → 0, d[2, 0][1, 1][1] → 0, d[2, 0][2, 0][1] → 0,
  d[2, 0][2, 0][2] → 1, d[2, 0][2, 0][3] → 0, d[2, 0][3, 0][1] → 0,
  d[2, 0][3, 0][2] → 0, d[2, 0][3, 0][3] → 0, d[3, 0][1, 0][1] → 0,
  d[3, 0][1, 0][2] → 0, d[3, 0][1, 0][3] → 0, d[3, 0][1, 1][1] → 0,
  d[3, 0][2, 0][1] → 0, d[3, 0][2, 0][2] → 0, d[3, 0][2, 0][3] → 1,
  d[3, 0][3, 0][1] → 1, d[3, 0][3, 0][2] → 0, d[3, 0][3, 0][3] → 0},
 {ksi[2, 0] → 1, ksi[3, 0] → 0, d[1, 1][1, 0][1] → 1, d[1, 1][1, 1][1] → 0,
  d[1, 1][1, 1][2] → 1, d[1, 1][1, 1][3] → 0, d[1, 1][2, 0][1] → 0,
  d[1, 1][3, 0][1] → 0, d[2, 0][1, 0][1] → 0, d[2, 0][1, 0][2] → 0,
  d[2, 0][1, 0][3] → 0, d[2, 0][1, 1][1] → 0, d[2, 0][2, 0][1] → 0,
  d[2, 0][2, 0][2] → 1, d[2, 0][2, 0][3] → 0, d[2, 0][3, 0][1] → 0,
  d[2, 0][3, 0][2] → 0, d[2, 0][3, 0][3] → 0, d[3, 0][1, 0][1] → 0,
  d[3, 0][1, 0][2] → 0, d[3, 0][1, 0][3] → 1, d[3, 0][1, 1][1] → 0,
  d[3, 0][2, 0][1] → 0, d[3, 0][2, 0][2] → 0, d[3, 0][2, 0][3] → 0,
  d[3, 0][3, 0][1] → 0, d[3, 0][3, 0][2] → 1, d[3, 0][3, 0][3] → 0},
 {ksi[2, 0] → 1, ksi[3, 0] → 0, d[1, 1][1, 0][1] → 0, d[1, 1][1, 1][1] → 0,
  d[1, 1][1, 1][2] → 1, d[1, 1][1, 1][3] → 0, d[1, 1][2, 0][1] → 1,
  d[1, 1][3, 0][1] → 0, d[2, 0][1, 0][1] → 0, d[2, 0][1, 0][2] → 0,
  d[2, 0][1, 0][3] → 0, d[2, 0][1, 1][1] → 0, d[2, 0][2, 0][1] → 0,
  d[2, 0][2, 0][2] → 1, d[2, 0][2, 0][3] → 0, d[2, 0][3, 0][1] → 0,
  d[2, 0][3, 0][2] → 0, d[2, 0][3, 0][3] → 0, d[3, 0][1, 0][1] → 0,
  d[3, 0][1, 0][2] → 0, d[3, 0][1, 0][3] → 0, d[3, 0][1, 1][1] → 0,
  d[3, 0][2, 0][1] → 0, d[3, 0][2, 0][2] → 0, d[3, 0][2, 0][3] → 1,
  d[3, 0][3, 0][1] → 0, d[3, 0][3, 0][2] → 1, d[3, 0][3, 0][3] → 0}}
```

Nombre de solutions

```
Length[Sol1]
```

3

---

imprimer les solutions

```
For[k = 1, k ≤ Length[Sol1], k++,
 Print["Supercolagebra ", k, ":"];
 Print[" Δ(e₂⁰)=", ∑ᵢ₌₁³ ∑ⱼ₌₁³ ((d[2, 0][i, 0][j] //. Sol1[[k]]) eᵢ"⁰" ⊗ eⱼ"⁰") +
   (d[2, 0][1, 1][1] //. Sol1[[k]]) eᵢ¹ ⊗ eᵢ¹];
 Print[ "Δ(e₃⁰)=", ∑ᵢ₌₁³ ∑ⱼ₌₁³ ((d[3, 0][i, 0][j] //. Sol1[[k]]) eᵢ"⁰" ⊗ eⱼ"⁰") +
   (d[3, 0][1, 1][1] //. Sol1[[k]]) eᵢ¹ ⊗ eᵢ¹];
 Print[ "Δ(e₁¹)=", ∑ᵢ₌₁³ (d[1, 1][i, 0][1] //. Sol1[[k]]) eᵢ"⁰" ⊗ e₁"¹" +
   ∑ⱼ₌₁³ (d[1, 1][1, 1][j] //. Sol1[[k]]) e₁"¹" ⊗ eⱼ"⁰"];
 Print[ "ε(e₂⁰)=", ksi[2, 0] //. Sol1[[k]]];
 Print[ "ε(e₃⁰)=", ksi[3, 0] //. Sol1[[k]]]]
```

Supercolagebra 1:

$\Delta(e_2^0) = e_2^0 \otimes e_2^0$

$\Delta(e_3^0) = e_2^0 \otimes e_3^0 + e_3^0 \otimes e_1^0$

$\Delta(e_1^1) = e_1^1 \otimes e_1^0 + e_2^0 \otimes e_1^1$

$\epsilon(e_2^0) = 1$

$\epsilon(e_3^0) = 0$

Supercolagebra 2:

$\Delta(e_2^0) = e_2^0 \otimes e_2^0$

$\Delta(e_3^0) = e_1^0 \otimes e_3^0 + e_3^0 \otimes e_2^0$

$\Delta(e_1^1) = e_1^0 \otimes e_1^1 + e_1^1 \otimes e_2^0$

$\epsilon(e_2^0) = 1$

$\epsilon(e_3^0) = 0$

Supercolagebra 3:

$\Delta(e_2^0) = e_2^0 \otimes e_2^0$

$\Delta(e_3^0) = e_2^0 \otimes e_3^0 + e_3^0 \otimes e_2^0$

$\Delta(e_1^1) = e_1^1 \otimes e_2^0 + e_2^0 \otimes e_1^1$

$\epsilon(e_2^0) = 1$

$\epsilon(e_3^0) = 0$

Algorithme de calcul de superalgèbres de Hopf de dimension 4.
Cas dimension de la partie paire est 3.
Superalgèbre (4I1) avec la première supercoalgèbre correspondante

Dans ce programme, on calcule les structures de superalgèbre de Hopf (si elles existent) de superbialgèbre obtenues dans le premier programme "algorithme de calcul de superbialgèbres cas dim(A0)=0). Pour donner un exemple de calculation, on considère la première supercoalgèbre correspondant à la superalgèbre 4I1.

Algorithme pour obtenir une superalgèbre de Hopf

On considère une superbialgèbre fixée pour une superalgèbre donnée. on rentre la superbialgèbre avec ses constantes de structures. On ajoute les constantes de structure de l'antipode et vérifier les conditions de compatibilités.

Premièrement, On fixe les dimensions des parties paire et impaire et on rentre les éléments de la base.

Deuxièment : On rentre la structure de superbialgèbre,
       1- rentrer les constantes de structures de la multiplication,
       2- rentrer les constantes de structure de l'unité,
       3- vérifier la condition de l'associativité,
       4. faisons la même chose pour la comultiplication et la counité.

Troisièment :
       1- rentrer les constantes de structure de l'antipode $S[i,l][k]$,
       2- vérifier la condition de compatibilité entre antipode et la comultiplication, la multiplication .

Enfin : on écrit la condition de l'antipode et on résoud le système algébrique.

Rentrer les dimensions

```
dim[0] = 3; dim[1] = 1;
```

```
delta[i_, j_] := If[i == j, 1, 0]
```

Rentrer la structure de la superalgèbre : multiplication

```
CS1 = Flatten[Table[c[i, s][j, t][k], {s, 0, 1},
   {i, 1, dim[s]}, {t, 0, 1}, {j, 1, dim[t]}, {k, 1, dim[Mod[s + t, 2]]}]]
```

{c[1, 0][1, 0][1], c[1, 0][1, 0][2], c[1, 0][1, 0][3], c[1, 0][2, 0][1],
 c[1, 0][2, 0][2], c[1, 0][2, 0][3], c[1, 0][3, 0][1], c[1, 0][3, 0][2],
 c[1, 0][3, 0][3], c[1, 0][1, 1][1], c[2, 0][1, 0][1], c[2, 0][1, 0][2],
 c[2, 0][1, 0][3], c[2, 0][2, 0][1], c[2, 0][2, 0][2], c[2, 0][2, 0][3],
 c[2, 0][3, 0][1], c[2, 0][3, 0][2], c[2, 0][3, 0][3], c[2, 0][1, 1][1],
 c[3, 0][1, 0][1], c[3, 0][1, 0][2], c[3, 0][1, 0][3], c[3, 0][2, 0][1],
 c[3, 0][2, 0][2], c[3, 0][2, 0][3], c[3, 0][3, 0][1], c[3, 0][3, 0][2],
 c[3, 0][3, 0][3], c[3, 0][1, 1][1], c[1, 1][1, 0][1], c[1, 1][2, 0][1],
 c[1, 1][3, 0][1], c[1, 1][1, 1][1], c[1, 1][1, 1][2], c[1, 1][1, 1][3]}

{c[2, 0][2, 0][1] = 0, c[2, 0][2, 0][2] = 1,
 c[2, 0][2, 0][3] = 0, c[2, 0][3, 0][1] = 0,
 c[2, 0][3, 0][2] = 0, c[2, 0][3, 0][3] = 0, c[2, 0][1, 1][1] = 0,
 c[3, 0][2, 0][1] = 0, c[3, 0][2, 0][2] = 0, c[3, 0][2, 0][3] = 0,
 c[3, 0][3, 0][1] = 0, c[3, 0][3, 0][2] = 0, c[3, 0][3, 0][3] = 0,
 c[3, 0][1, 1][1] = 0, c[1, 1][2, 0][1] = 0, c[1, 1][3, 0][1] = 0,
 c[1, 1][1, 1][1] = 0, c[1, 1][1, 1][2] = 0, c[1, 1][1, 1][3] = 1}

{0, 1, 0, 0, 0, 0, 0, 0, 0, 0, 0, 0, 0, 0, 0, 0, 0, 1}

Rentrer l'unité

```
For[i = 1, i ≤ dim[0], i++, For[k = 1, k ≤ dim[0], k++,
   c[i, 0][1, 0][k] = delta[i, k]; c[1, 0][i, 0][k] = delta[i, k]]];
For[i = 1, i ≤ dim[1], i++, For[k = 1, k ≤ dim[1], k++,
   c[i, 1][1, 0][k] = delta[i, k]; c[1, 0][i, 1][k] = delta[i, k]]];
```

Rentrer la multiplication de la superalgèbre

```
{c[2, 0][2, 0][1] = 0, c[2, 0][2, 0][2] = 1,
   c[2, 0][2, 0][3] = 0, c[2, 0][3, 0][1] = 0, c[2, 0][3, 0][2] = 0,
   c[2, 0][3, 0][3] = 0, c[2, 0][1, 1][1] = 0, c[3, 0][2, 0][1] = 0,
   c[3, 0][2, 0][2] = 0, c[3, 0][2, 0][3] = 0, c[3, 0][3, 0][1] = 0,
   c[3, 0][3, 0][2] = 0, c[3, 0][3, 0][3] = 1, c[3, 0][1, 1][1] = 1,
   c[1, 1][2, 0][1] = 0, c[1, 1][3, 0][1] = 1, c[1, 1][1, 1][1] = 0,
   c[1, 1][1, 1][2] = 0, c[1, 1][1, 1][3] = 1};
```

Vérifier la condition de l'associativité

```
GAsso[s_, i_, t_, j_, m_, h_, l_] :=
   (∑_{k=1}^{dim[Mod[s+t,2]]} c[i, s][j, t][k] * c[k, Mod[s + t, 2]][h, m][l]) -
   (∑_{k=1}^{dim[Mod[m+t,2]]} c[j, t][h, m][k] * c[i, s][k, Mod[t + m, 2]][l])

PolyGAsso[] :=
   Flatten[Table[GAsso[s, i, t, j, m, h, l], {s, 0, 1}, {i, 1, dim[s]}, {t, 0, 1},
      {j, 1, dim[t]}, {m, 0, 1}, {h, 1, dim[m]}, {l, 1, dim[Mod[s + t + m, 2]]}]]

PAsso = Union[Simplify[PolyGAsso[]]]

{0}
```

Rentrer la structure de la supercoalgèbre

Rentrer les constantes de structure pour la comultiplication

```
CS2 = Flatten[Table[d[i, l][j, s][k], {l, 0, 1},
   {i, 1, dim[l]}, {s, 0, 1}, {j, 1, dim[s]}, {k, 1, dim[Mod[s + 1, 2]]}]]

{d[1, 0][1, 0][1], d[1, 0][1, 0][2], d[1, 0][1, 0][3], d[1, 0][2, 0][1],
   d[1, 0][2, 0][2], d[1, 0][2, 0][3], d[1, 0][3, 0][1], d[1, 0][3, 0][2],
   d[1, 0][3, 0][3], d[1, 0][1, 1][1], d[2, 0][1, 0][1], d[2, 0][1, 0][2],
   d[2, 0][1, 0][3], d[2, 0][2, 0][1], d[2, 0][2, 0][2], d[2, 0][2, 0][3],
   d[2, 0][3, 0][1], d[2, 0][3, 0][2], d[2, 0][3, 0][3], d[2, 0][1, 1][1],
   d[3, 0][1, 0][1], d[3, 0][1, 0][2], d[3, 0][1, 0][3], d[3, 0][2, 0][1],
   d[3, 0][2, 0][2], d[3, 0][2, 0][3], d[3, 0][3, 0][1], d[3, 0][3, 0][2],
   d[3, 0][3, 0][3], d[3, 0][1, 1][1], d[1, 1][1, 0][1], d[1, 1][2, 0][1],
   d[1, 1][3, 0][1], d[1, 1][1, 1][1], d[1, 1][1, 1][2], d[1, 1][1, 1][3]}
```

Vérifier la coassociativité

```
L[i_, l_] :=
  ∑_{s=0}^{1} ∑_{j=1}^{dim[s]} ∑_{k=1}^{dim[Mod[s+1,2]]} ∑_{m=0}^{1} ∑_{u=1}^{dim[m]} ∑_{v=1}^{dim[Mod[m+s,2]]} (d[i, l][j, s][k] * d[j, s][u, m][v] *
    X[u, m, v, Mod[m + s, 2], k, Mod[l + s, 2]])
```

```
R[i_, l_] :=
  ∑_{s=0}^{1} ∑_{j=1}^{dim[s]} ∑_{k=1}^{dim[Mod[s+1,2]]} ∑_{n=0}^{1} ∑_{p=1}^{dim[n]} ∑_{q=1}^{dim[Mod[n+s+1,2]]} (d[i, l][j, s][k] * d[k, Mod[l + s, 2]][
    p, n][q] * X[j, s, p, n, q, Mod[n + s + 1, 2]])
```

```
XX = Flatten[Table[X[i1, s1, i2, s2, i3, s3], {s1, 0, 1},
    {i1, dim[s1]}, {s2, 0, 1}, {i2, dim[s2]}, {s3, 0, 1}, {i3, dim[s3]}]];
```

```
V = Flatten[Table[Simplify[L[i, l] - R[i, l]], {l, 0, 1}, {i, 1, dim[l]}]];
```

```
Cond = {}
```

{}

```
For[i = 1, i ≤ Length[V], i++, Cond = Append[Cond, Coefficient[V[[i]], XX]]]
```

```
Length[Cond]
```

4

On suppose que e (1, 0) est un élément groupe-like.

```
For[i = 1, i ≤ dim[0], i++, For[j = 1, j ≤ dim[0], j++, d[1, 0][i, 0][j] = 0]];
For[i = 1, i ≤ dim[1], i++, For[j = 1, j ≤ dim[1], j++, d[1, 0][i, 1][j] = 0]];
d[1, 0][1, 0][1] = 1;
```

```
PCoAsso = Union[Simplify[Flatten[Cond]]];
```

Antipode

Rentrer les constantes de structure pour l'antipode

```
CS3 = Flatten[Table[S[i, l][k], {l, 0, 1}, {i, 1, dim[l]}, {k, 1, dim[l]}]]
```

{S[1, 0][1], S[1, 0][2], S[1, 0][3], S[2, 0][1], S[2, 0][2],
 S[2, 0][3], S[3, 0][1], S[3, 0][2], S[3, 0][3], S[1, 1][1]}

antipode

```
For[k = 1, k ≤ dim[0], k++, S[1, 0][k] = 0];
```

```
S[1, 0][1] = 1;
```

Vérifier la condition de l'antipode

```
For[k = 1, k ≤ dim[0], k++, S[1, 0][k] = 0];
```

```
S[1, 0][1] = 1;
```

```
Antipleft[i_, l_, vv_] :=
    ∑_{s=0}^{1} ∑_{j=1}^{dim[s]} ∑_{k=1}^{dim[Mod[s+1,2]]} ∑_{p=1}^{dim[Mod[s+1,2]]} (d[i, l][j, s][k] * S[k, Mod[s + 1, 2]][p] *
        c[j, s][p, Mod[s + 1, 2]][vv]) - (1 - delta[i, 2]) delta[1, 0] delta[vv, 1]
```

```
ANtipEq1 = Union[Flatten[
    Table[Antipleft[i, 1, vv], {1, 0, 1}, {i, 1, dim[1]}, {vv, 1, dim[1]}]]];
```

```
Antipright[i_, l_, nn_] :=
    ∑_{s=0}^{1} ∑_{j=1}^{dim[s]} ∑_{k=1}^{dim[Mod[s+1,2]]} ∑_{q=1}^{dim[s]} (d[i, l][j, s][k] * S[j, s][q] *
        c[q, s][k, Mod[s + 1, 2]][nn]) - (1 - delta[i, 2]) delta[1, 0] delta[nn, 1]
```

```
ANtipEq2 = Union[Flatten[
    Table[Antipright[i, 1, nn], {1, 0, 1}, {i, 1, dim[1]}, {nn, 1, dim[1]}]]];
```

```
ANtipEq = Union[Simplify[Flatten[{ANtipEq1, ANtipEq2}]]];
```

```
Variables[ANtipEq]
```

```
{S[1, 1][1], S[2, 0][1], S[2, 0][2], S[2, 0][3], S[3, 0][1],
 S[3, 0][2], S[3, 0][3], d[1, 1][1, 0][1], d[1, 1][1, 1][1],
 d[1, 1][1, 1][2], d[1, 1][1, 1][3], d[1, 1][2, 0][1], d[1, 1][3, 0][1],
 d[2, 0][1, 0][1], d[2, 0][1, 0][2], d[2, 0][1, 0][3], d[2, 0][1, 1][1],
 d[2, 0][2, 0][1], d[2, 0][2, 0][2], d[2, 0][2, 0][3], d[2, 0][3, 0][1],
 d[2, 0][3, 0][2], d[2, 0][3, 0][3], d[3, 0][1, 0][1], d[3, 0][1, 0][2],
 d[3, 0][1, 0][3], d[3, 0][1, 1][1], d[3, 0][2, 0][1], d[3, 0][2, 0][2],
 d[3, 0][2, 0][3], d[3, 0][3, 0][1], d[3, 0][3, 0][2], d[3, 0][3, 0][3]}
```

Vérifier la condition de la compatibilité

```
compat1[i_, s_, j_, t_] :=
    ∑_{k=1}^{dim[Mod[s+t,2]]} ∑_{l=0}^{1} ∑_{p=1}^{dim[l]} ∑_{q=1}^{dim[Mod[l+t+s,2]]}  (d[k, Mod[t + s, 2]][p, l][q] *
        c[i, s][j, t][k] * Y[p, l, q, Mod[l + s + t, 2]])
```

```
compat2[i_, s_, j_, t_] :=
    ∑_{m=0}^{1} ∑_{u=1}^{dim[m]} ∑_{v=1}^{dim[Mod[s+m,2]]} ∑_{mm=0}^{1} ∑_{uu=1}^{dim[mm]} ∑_{vv=1}^{dim[Mod[t+mm,2]]} ∑_{h=1}^{dim[Mod[m+mm,2]]} ∑_{n=1}^{dim[Mod[m+mm+s+t,2]]}  ((-1)^{(m+s) mm}
        c[u, m][uu, mm][h] * c[v, Mod[m + s, 2]][vv, Mod[t + mm, 2]][n] *
        Y[h, Mod[m + mm, 2], n, Mod[m + mm + s + t, 2]])
```

```
YY = Flatten[
   Table[Y[i1, s1, i2, s2], {s1, 0, 1}, {i1, dim[s1]}, {s2, 0, 1}, {i2, dim[s2]}]]
{Y[1, 0, 1, 0], Y[1, 0, 2, 0], Y[1, 0, 3, 0], Y[1, 0, 1, 1],
 Y[2, 0, 1, 0], Y[2, 0, 2, 0], Y[2, 0, 3, 0], Y[2, 0, 1, 1],
 Y[3, 0, 1, 0], Y[3, 0, 2, 0], Y[3, 0, 3, 0], Y[3, 0, 1, 1],
 Y[1, 1, 1, 0], Y[1, 1, 2, 0], Y[1, 1, 3, 0], Y[1, 1, 1, 1]}
```

```
V = Flatten[Table[Simplify[compat1[i, s, j, t] - compat2[i, s, j, t]],
    {s, 0, 1}, {i, 1, dim[s]}, {t, 0, 1}, {j, 1, dim[t]}]];
```

```
CondCompat = {};
```

```
For[i = 1, i ≤ Length[V], i++,
   CondCompat = Append[CondCompat, Coefficient[V[[i]], YY]]];
```

```
PCcompat = Union[Simplify[Flatten[CondCompat]]];
```

```
Pcompat1 = Union[Simplify[Flatten[{PCoAsso, PCcompat, ANtipEq}]]];
```

Rentrer les constantes de structure de la comultiplication obtenues par le premier algorithme(algorithme de calcul de superbialgèbre cas dim(A0)=3)

```
regUnit = {d[1, 1][1, 0][1] → 0, d[1, 1][1, 1][1] → 1,
    d[1, 1][1, 1][2] → 0, d[1, 1][1, 1][3] → 0, d[1, 1][2, 0][1] → 1,
    d[1, 1][3, 0][1] → 0, d[2, 0][1, 0][1] → 0, d[2, 0][1, 0][2] → 0,
    d[2, 0][1, 0][3] → 0, d[2, 0][1, 1][1] → 0, d[2, 0][2, 0][1] → 0,
    d[2, 0][2, 0][2] → 1, d[2, 0][2, 0][3] → 0, d[2, 0][3, 0][1] → 0,
    d[2, 0][3, 0][2] → 0, d[2, 0][3, 0][3] → 0, d[3, 0][1, 0][1] → 0,
    d[3, 0][1, 0][2] → 0, d[3, 0][1, 0][3] → 0, d[3, 0][1, 1][1] → 0,
    d[3, 0][2, 0][1] → 0, d[3, 0][2, 0][2] → 0, d[3, 0][2, 0][3] → 1,
    d[3, 0][3, 0][1] → 1, d[3, 0][3, 0][2] → 0, d[3, 0][3, 0][3] → 0}
```

```
{d[1, 1][1, 0][1] → 0, d[1, 1][1, 1][1] → 1,
 d[1, 1][1, 1][2] → 0, d[1, 1][1, 1][3] → 0, d[1, 1][2, 0][1] → 1,
 d[1, 1][3, 0][1] → 0, d[2, 0][1, 0][1] → 0, d[2, 0][1, 0][2] → 0,
 d[2, 0][1, 0][3] → 0, d[2, 0][1, 1][1] → 0, d[2, 0][2, 0][1] → 0,
 d[2, 0][2, 0][2] → 1, d[2, 0][2, 0][3] → 0, d[2, 0][3, 0][1] → 0,
 d[2, 0][3, 0][2] → 0, d[2, 0][3, 0][3] → 0, d[3, 0][1, 0][1] → 0,
 d[3, 0][1, 0][2] → 0, d[3, 0][1, 0][3] → 0, d[3, 0][1, 1][1] → 0,
 d[3, 0][2, 0][1] → 0, d[3, 0][2, 0][2] → 0, d[3, 0][2, 0][3] → 1,
 d[3, 0][3, 0][1] → 1, d[3, 0][3, 0][2] → 0, d[3, 0][3, 0][3] → 0}
```

```
PCcompat2 = Union[Pcompat1 /. regUnit]
```

```
{-1, 0, 1, S[2, 0][1] + S[2, 0][2],
 S[1, 1][1] + S[2, 0][1] + S[2, 0][3], -1 + S[3, 0][1], S[3, 0][2],
 S[3, 0][1] + S[3, 0][2], S[2, 0][1] + S[2, 0][3] + S[3, 0][3]}
```

Résoudre le système algébrique avec les variables de l'antipode

```
Sol1 = Solve[PCcompat2 == 0, Variables[PCcompat2]]
```

```
{}
```

Sortir le nombre de solutions de la superalgèbres de Hopf obtenues

```
Length[Sol1]
```

```
0
```

Imprimer les solutions

There is no Hopf superalgebra structure.
Notice that even for the two other supercoalgebras, there no Hopf superalgebra as well.

Calcul des structures de superalgèbres de Hopf de dimension 4
Cas dimension de la partie paire 3

Superalgèbre 1I1 Supercoalgèbre 3.

Dans ce programme, on calcule les structures de superalgèbre de Hopf (si elles existent) de superbialgèbre obtenues dans le premier programme "algorithme de calcul de superbialgèbres cas dim(A0)=0). Pour donner un exemple de calculation, on considère la troisième supercoalgèbre correspondant à la superalgèbre 1I1.

Algorithme pour obtenir une superalgèbre de Hopf

On considère une superbialgèbre fixée pour une superalgèbre donnée. on rentre la superbialgèbre avec ses constantes de structures. On ajoute les constantes de structure de l'antipode et vérifier les conditions de compatibilités.

Premièrement, On fixe les dimensions des parties paire et impaire et on rentre les éléments de la base.

Deuxièment : On rentre la structure de superbialgèbre,
    1- rentrer les constantes de structures de la multiplication,
    2- rentrer les constantes de structure de l'unité,
    3- vérifier la condition de l'associativité,
    4. faisons la même chose pour la comultiplication et la counité.

Troisièment :
    1- rentrer les constantes de structure de l'antipode S[i,l][k],
    2- vérifier la condition de compatibilité entre antipode et la comultiplication, la multiplication.

Enfin : on écrit la condition de l'antipode et on résoud le système algébrique.

Rentrer les dimensions

```
dim[0] = 3; dim[1] = 1;
```

```
delta[i_, j_] := If[i == j, 1, 0]
```

Rentrer la structure de la superalgèbre : multiplication

```
CS1 = Flatten[Table[c[i, s][j, t][k], {s, 0, 1},
   {i, 1, dim[s]}, {t, 0, 1}, {j, 1, dim[t]}, {k, 1, dim[Mod[s + t, 2]]}]]
```

{c[1, 0][1, 0][1], c[1, 0][1, 0][2], c[1, 0][1, 0][3], c[1, 0][2, 0][1],
 c[1, 0][2, 0][2], c[1, 0][2, 0][3], c[1, 0][3, 0][1], c[1, 0][3, 0][2],
 c[1, 0][3, 0][3], c[1, 0][1, 1][1], c[2, 0][1, 0][1], c[2, 0][1, 0][2],
 c[2, 0][1, 0][3], c[2, 0][2, 0][1], c[2, 0][2, 0][2], c[2, 0][2, 0][3],
 c[2, 0][3, 0][1], c[2, 0][3, 0][2], c[2, 0][3, 0][3], c[2, 0][1, 1][1],
 c[3, 0][1, 0][1], c[3, 0][1, 0][2], c[3, 0][1, 0][3], c[3, 0][2, 0][1],
 c[3, 0][2, 0][2], c[3, 0][2, 0][3], c[3, 0][3, 0][1], c[3, 0][3, 0][2],
 c[3, 0][3, 0][3], c[3, 0][1, 1][1], c[1, 1][1, 0][1], c[1, 1][2, 0][1],
 c[1, 1][3, 0][1], c[1, 1][1, 1][1], c[1, 1][1, 1][2], c[1, 1][1, 1][3]}

Rentrer l'unité

```
For[i = 1, i ≤ dim[0], i++, For[k = 1, k ≤ dim[0], k++,
   c[i, 0][1, 0][k] = delta[i, k]; c[1, 0][i, 0][k] = delta[i, k]]];
For[i = 1, i ≤ dim[1], i++, For[k = 1, k ≤ dim[1], k++,
   c[i, 1][1, 0][k] = delta[i, k]; c[1, 0][i, 1][k] = delta[i, k]]];
```

Rentrer la multiplication de la superalgèbre

```
{c[2, 0][2, 0][1] = 0, c[2, 0][2, 0][2] = 1,
 c[2, 0][2, 0][3] = 0, c[2, 0][3, 0][1] = 0, c[2, 0][3, 0][2] = 0,
 c[2, 0][3, 0][3] = 0, c[2, 0][1, 1][1] = 0, c[3, 0][2, 0][1] = 0,
 c[3, 0][2, 0][2] = 0, c[3, 0][2, 0][3] = 0, c[3, 0][3, 0][1] = 0,
 c[3, 0][3, 0][2] = 0, c[3, 0][3, 0][3] = 1, c[3, 0][1, 1][1] = 1,
 c[1, 1][2, 0][1] = 0, c[1, 1][3, 0][1] = 1, c[1, 1][1, 1][1] = 0,
 c[1, 1][1, 1][2] = 0, c[1, 1][1, 1][3] = 1};
```

Vérifier la condition de l'associativité

```
GAsso[s_, i_, t_, j_, m_, h_, l_] :=
```

$$\left(\sum_{k=1}^{dim[Mod[s+t,2]]} c[i, s][j, t][k] * c[k, Mod[s+t, 2]][h, m][l] \right) -$$

$$\left(\sum_{k=1}^{dim[Mod[m+t,2]]} c[j, t][h, m][k] * c[i, s][k, Mod[t+m, 2]][l] \right)$$

```
PolyGAsso[] :=
 Flatten[Table[GAsso[s, i, t, j, m, h, 1], {s, 0, 1}, {i, 1, dim[s]}, {t, 0, 1},
    {j, 1, dim[t]}, {m, 0, 1}, {h, 1, dim[m]}, {l, 1, dim[Mod[s+t+m, 2]]}]]
```

```
PAsso = Union[Simplify[PolyGAsso[]]]
```

{0}

Rentrer la structure de la supercoalgèbre

Rentrer les constantes de structure pour la comultiplication

```
CS2 = Flatten[Table[d[i, 1][j, s][k], {i, 0, 1},
   {i, 1, dim[1]}, {s, 0, 1}, {j, 1, dim[s]}, {k, 1, dim[Mod[s+1, 2]]}]]
```

{d[1, 0][1, 0][1], d[1, 0][1, 0][2], d[1, 0][1, 0][3], d[1, 0][2, 0][1],
 d[1, 0][2, 0][2], d[1, 0][2, 0][3], d[1, 0][3, 0][1], d[1, 0][3, 0][2],
 d[1, 0][3, 0][3], d[1, 0][1, 1][1], d[2, 0][1, 0][1], d[2, 0][1, 0][2],
 d[2, 0][1, 0][3], d[2, 0][2, 0][1], d[2, 0][2, 0][2], d[2, 0][2, 0][3],
 d[2, 0][3, 0][1], d[2, 0][3, 0][2], d[2, 0][3, 0][3], d[2, 0][1, 1][1],
 d[3, 0][1, 0][1], d[3, 0][1, 0][2], d[3, 0][1, 0][3], d[3, 0][2, 0][1],
 d[3, 0][2, 0][2], d[3, 0][2, 0][3], d[3, 0][3, 0][1], d[3, 0][3, 0][2],
 d[3, 0][3, 0][3], d[3, 0][1, 1][1], d[1, 1][1, 0][1], d[1, 1][2, 0][1],
 d[1, 1][3, 0][1], d[1, 1][1, 1][1], d[1, 1][1, 1][2], d[1, 1][1, 1][3]}

Vérifier la coassociativité

```
L[i_, l_] :=
 ∑_{s=0}^{1} ∑_{j=1}^{dim[s]} ∑_{k=1}^{dim[Mod[s+1,2]]} ∑_{m=0}^{1} ∑_{u=1}^{dim[m]} ∑_{v=1}^{dim[Mod[m+s,2]]} (d[i, 1][j, s][k] * d[j, s][u, m][v] *
    X[u, m, v, Mod[m+s, 2], k, Mod[l+s, 2]])
```

```
R[i_, l_] :=
 ∑_{s=0}^{1} ∑_{j=1}^{dim[s]} ∑_{k=1}^{dim[Mod[s+1,2]]} ∑_{n=0}^{1} ∑_{p=1}^{dim[n]} ∑_{q=1}^{dim[Mod[n+s+1,2]]} (d[i, 1][j, s][k] * d[k, Mod[l+s, 2]][
    p, n][q] * X[j, s, p, n, q, Mod[n+s+1, 2]])
```

```
XX = Flatten[Table[X[i1, s1, i2, s2, i3, s3], {s1, 0, 1},
   {i1, dim[s1]}, {s2, 0, 1}, {i2, dim[s2]}, {s3, 0, 1}, {i3, dim[s3]}]];
```

```
V = Flatten[Table[Simplify[(L[i, 1] - R[i, 1])], {l, 0, 1}, {i, 1, dim[l]}]];
```

```
Cond = {}
```

{}

```
For[i = 1, i ≤ Length[V], i++, Cond = Append[Cond, Coefficient[V[[i]], XX]]]
```

```
Length[Cond]
```

```
4
```

On suppose que De (1, 0) est un élément grouplike.

```
For[i = 1, i ≤ dim[0], i++, For[j = 1, j ≤ dim[0], j++, d[1, 0][i, 0][j] = 0]];
For[i = 1, i ≤ dim[1], i++, For[j = 1, j ≤ dim[1], j++, d[1, 0][i, 1][j] = 0]];
d[1, 0][1, 0][1] = 1;
```

```
regUnit = {d[1, 1][1, 0][1] → 1, d[1, 1][1, 1][1] → 1, d[1, 1][1, 1][2] → -2,
    d[1, 1][1, 1][3] → -1, d[1, 1][2, 0][1] → -2, d[1, 1][3, 0][1] → -1,
    d[2, 0][1, 0][1] → 0, d[2, 0][1, 0][2] → 1,
    d[2, 0][1, 0][3] → 0, d[2, 0][1, 1][1] → $\frac{i}{2}$, d[2, 0][2, 0][1] → 1,
    d[2, 0][2, 0][2] → -2, d[2, 0][2, 0][3] → -1, d[2, 0][3, 0][1] → 0,
    d[2, 0][3, 0][2] → -1, d[2, 0][3, 0][3] → $\frac{1}{2}$,
    d[3, 0][1, 0][1] → 0, d[3, 0][1, 0][2] → 0, d[3, 0][1, 0][3] → 1,
    d[3, 0][1, 1][1] → 0, d[3, 0][2, 0][1] → 0,
    d[3, 0][2, 0][2] → 0, d[3, 0][2, 0][3] → 0, d[3, 0][3, 0][1] → 1,
    d[3, 0][3, 0][2] → 0, d[3, 0][3, 0][3] → -2};
```

```
PCoAsso = Union[Simplify[Flatten[Cond]]];
```

```
Union[Simplify[PCoAsso /. regUnit]]
```

```
{0}
```

Antipode

Rentrer les constantes de structure pour l'antipode

```
CS3 = Flatten[Table[S[i, 1][k], {1, 0, 1}, {i, 1, dim[1]}, {k, 1, dim[1]}]]
```

```
{S[1, 0][1], S[1, 0][2], S[1, 0][3], S[2, 0][1], S[2, 0][2],
 S[2, 0][3], S[3, 0][1], S[3, 0][2], S[3, 0][3], S[1, 1][1]}
```

antipode

```
For[k = 1, k ≤ dim[0], k++, S[1, 0][k] = 0];
```

```
S[1, 0][1] = 1;
```

Vérifier la condition de l'antipode

```
For[k = 1, k ≤ dim[0], k++, S[1, 0][k] = 0];
```

```
S[1, 0][1] = 1;
```

```
Antipleft[i_, l_, vv_] :=
    ∑_{s=0}^{1} ∑_{j=1}^{dim[s]} ∑_{k=1}^{dim[Mod[s+1,2]]} ∑_{p=1}^{dim[Mod[s+1,2]]} (d[i, l][j, s][k] * S[k, Mod[s + 1, 2]][p] *
        c[j, s][p, Mod[s + 1, 2]][vv]) - delta[i, 1] delta[l, 0] delta[vv, 1]
```

```
ANtipEq1 = Union[Flatten[
    Table[Antipleft[i, l, vv], {l, 0, 1}, {i, 1, dim[l]}, {vv, 1, dim[l]}]]];
```

```
Antipright[i_, l_, nn_] :=
    ∑_{s=0}^{1} ∑_{j=1}^{dim[s]} ∑_{k=1}^{dim[Mod[s+1,2]]} ∑_{q=1}^{dim[s]} (d[i, l][j, s][k] * S[j, s][q] *
        c[q, s][k, Mod[s + 1, 2]][nn]) - delta[i, 1] delta[l, 0] delta[nn, 1]
```

```
ANtipEq2 = Union[Flatten[
    Table[Antipright[i, l, nn], {l, 0, 1}, {i, 1, dim[l]}, {nn, 1, dim[l]}]]];
```

```
ANtipEq = Union[Simplify[Flatten[{ANtipEq1, ANtipEq2}]]];
```

```
Variables[ANtipEq]
```

{S[1, 1][1], S[2, 0][1], S[2, 0][2], S[2, 0][3], S[3, 0][1],
 S[3, 0][2], S[3, 0][3], d[1, 1][1, 0][1], d[1, 1][1, 1][1],
 d[1, 1][1, 1][2], d[1, 1][1, 1][3], d[1, 1][2, 0][1], d[1, 1][3, 0][1],
 d[2, 0][1, 0][1], d[2, 0][1, 0][2], d[2, 0][1, 0][3], d[2, 0][1, 1][1],
 d[2, 0][2, 0][1], d[2, 0][2, 0][2], d[2, 0][2, 0][3], d[2, 0][3, 0][1],
 d[2, 0][3, 0][2], d[2, 0][3, 0][3], d[3, 0][1, 0][1], d[3, 0][1, 0][2],
 d[3, 0][1, 0][3], d[3, 0][1, 1][1], d[3, 0][2, 0][1], d[3, 0][2, 0][2],
 d[3, 0][2, 0][3], d[3, 0][3, 0][1], d[3, 0][3, 0][2], d[3, 0][3, 0][3]}

Vérifier la condition de la compatibilité

```
compat1[i_, s_, j_, t_] :=
    ∑_{k=1}^{dim[Mod[s+t,2]]} ∑_{l=0}^{1} ∑_{p=1}^{dim[l]} ∑_{q=1}^{dim[Mod[l+t+s,2]]} (d[k, Mod[t + s, 2]][p, l][q] *
        c[i, s][j, t][k] * Y[p, l, q, Mod[l + s + t, 2]])
```

```
compat2[i_, s_, j_, t_] :=
    ∑_{m=0}^{1} ∑_{u=1}^{dim[m]} ∑_{v=1}^{dim[Mod[s+m,2]]} ∑_{mm=0}^{1} ∑_{uu=1}^{dim[mm]} ∑_{vv=1}^{dim[Mod[t+mm,2]]} ∑_{h=1}^{dim[Mod[m+mm,2]]} ∑_{n=1}^{dim[Mod[m+mm+t+s,2]]} ((-1)^{(m+s) mm}
        c[u, m][uu, mm][h] * c[v, Mod[m + s, 2]][vv, Mod[t + mm, 2]][n] *
        Y[h, Mod[m + mm, 2], n, Mod[m + mm + s + t, 2]])
```

```
YY = Flatten[
    Table[Y[i1, s1, i2, s2], {s1, 0, 1}, {i1, dim[s1]}, {s2, 0, 1}, {i2, dim[s2]}]]

{Y[1, 0, 1, 0], Y[1, 0, 2, 0], Y[1, 0, 3, 0], Y[1, 0, 1, 1],
 Y[2, 0, 1, 0], Y[2, 0, 2, 0], Y[2, 0, 3, 0], Y[2, 0, 1, 1],
 Y[3, 0, 1, 0], Y[3, 0, 2, 0], Y[3, 0, 3, 0], Y[3, 0, 1, 1],
 Y[1, 1, 1, 0], Y[1, 1, 2, 0], Y[1, 1, 3, 0], Y[1, 1, 1, 1]}
```

```
V = Flatten[Table[Simplify[compat1[i, s, j, t] - compat2[i, s, j, t]],
    {s, 0, 1}, {i, 1, dim[s]}, {t, 0, 1}, {j, 1, dim[t]}]];
```

```
CondCompat = {};
```

```
For[i = 1, i ≤ Length[V], i++,
    CondCompat = Append[CondCompat, Coefficient[V[[i]], YY]]]
```

```
PCcompat = Union[Simplify[Flatten[CondCompat]]];
```

```
Pcompat1bis =
    Union[Simplify[Flatten[{PCoAsso /. regUnit, PCcompat /. regUnit}]]];
```

```
Pcompat1bis
```

```
{0}
```

```
Pcompat1 = Union[Simplify[Flatten[{PCoAsso, PCcompat, ANtipEq}]]];
```

Rentrer les constantes de structure de la comultiplication obtenues par le premier algorithme(algorithme de calcul de superbialgèbre
cas dim(A0)=3)

```
PCcompat2 = Union[Pcompat1 /. regUnit]

{0, S[2, 0][1], S[3, 0][1], 1 - 2 S[2, 0][1] - S[2, 0][2] - S[3, 0][1] - S[3, 0][2],
 S[3, 0][2], 1 - 2 S[3, 0][1] - S[3, 0][3],
 1 - 2 S[2, 0][1] - 2 S[2, 0][3] - S[3, 0][1] - S[3, 0][3],
 1/2 i S[1, 1][1] - S[2, 0][1] + 1/2 S[3, 0][1] + 1/2 S[3, 0][3]}
```

Résoudre le système algébrique avec les variables de l'antipode

```
Sol1 = Solve[PCcompat2 == 0, Variables[PCcompat2]]
```

$\{\{S[1, 1][1] \to i, S[2, 0][1] \to 0, S[2, 0][2] \to 1,$
$S[2, 0][3] \to 0, S[3, 0][1] \to 0, S[3, 0][2] \to 0, S[3, 0][3] \to 1\}\}$

Sortir le nombre de solutions de la superalgèbres de Hopf obtenues

```
Length[Sol1]
```

1

Imprimer les solutions

```
For[k = 1, k ≤ Length[Sol1], k++,
  Print["Supercolagebra ", k, ":"];
  Print[ "S(e₂⁰)=", (∑ᵢ₌₁³ S[2, 0][i] //. Sol1[[k]]) eᵢ"⁰"];
  Print[ "S(e₂⁰)=", (∑ᵢ₌₁³ S[3, 0][i] //. Sol1[[k]]) eᵢ"⁰"];
  Print[ "S(e₁¹)=", S[1, 1][1] //. Sol1[[k]], eᵢ"¹"]]
```

Supercolagebra 1:

$S(e_2^0) = e_{17}^0$
$S(e_2^0) = e_{17}^0$
$S(e_1^1) = i e_1^1$

Calcul des automorphismes de superalgèbres de dimension 4 Cas de dimension de la partie paire est égale 3 Superalgèbre 4I1

Algorithme pour obtenir les automorphismes

Premièrement on fixe les dimensions de la partie paire et impaire et on rentre les éléments de la base.

Deuxièment : 1- rentrer la multiplication et l'unité de la superalgèbre.
         2- rentrer les constantes de structure de l'automorphisme
         3- vérifier les conditions de l'automorphisme

Enfin : on résoud le système algébrique, on prend parmi les solutions seulement celles qui ont un déterminant non nul.

Rentrer les dimensions

```
dim[0] = 3; dim[1] = 1;
```

```
delta[i_, j_] := If[i == j, 1, 0]
```

Rentrer la multiplication de la superalgèbre

```
CS1 = Flatten[Table[c[i, s][j, t][k], {s, 0, 1},
    {i, 1, dim[s]}, {t, 0, 1}, {j, 1, dim[t]}, {k, 1, dim[Mod[s+t, 2]]}]]
```

```
{c[1, 0][1, 0][1], c[1, 0][1, 0][2], c[1, 0][1, 0][3], c[1, 0][2, 0][1],
 c[1, 0][2, 0][2], c[1, 0][2, 0][3], c[1, 0][3, 0][1], c[1, 0][3, 0][2],
 c[1, 0][3, 0][3], c[1, 0][1, 1][1], c[2, 0][1, 0][1], c[2, 0][1, 0][2],
 c[2, 0][1, 0][3], c[2, 0][2, 0][1], c[2, 0][2, 0][2], c[2, 0][2, 0][3],
 c[2, 0][3, 0][1], c[2, 0][3, 0][2], c[2, 0][3, 0][3], c[2, 0][1, 1][1],
 c[3, 0][1, 0][1], c[3, 0][1, 0][2], c[3, 0][1, 0][3], c[3, 0][2, 0][1],
 c[3, 0][2, 0][2], c[3, 0][2, 0][3], c[3, 0][3, 0][1], c[3, 0][3, 0][2],
 c[3, 0][3, 0][3], c[3, 0][1, 1][1], c[1, 1][1, 0][1], c[1, 1][2, 0][1],
 c[1, 1][3, 0][1], c[1, 1][1, 1][1], c[1, 1][1, 1][2], c[1, 1][1, 1][3]}
```

Rentrer l'unité de la superalgèbre

```
For[i = 1, i ≤ dim[0], i++, For[k = 1, k ≤ dim[0], k++,
   c[i, 0][1, 0][k] = delta[i, k]; c[1, 0][i, 0][k] = delta[i, k]]];
For[i = 1, i ≤ dim[1], i++, For[k = 1, k ≤ dim[1], k++,
   c[i, 1][1, 0][k] = delta[i, k]; c[1, 0][i, 1][k] = delta[i, k]]];
```

Rentrer les constantes de structure de la multiplication de la superalgèbre

```
{c[2, 0][2, 0][1] = 0, c[2, 0][2, 0][2] = 1,
 c[2, 0][2, 0][3] = 0, c[2, 0][3, 0][1] = 0,
 c[2, 0][3, 0][2] = 0, c[2, 0][3, 0][3] = 0, c[2, 0][1, 1][1] = 0,
 c[3, 0][2, 0][1] = 0, c[3, 0][2, 0][2] = 0, c[3, 0][2, 0][3] = 0,
 c[3, 0][3, 0][1] = 0, c[3, 0][3, 0][2] = 0, c[3, 0][3, 0][3] = 0,
 c[3, 0][1, 1][1] = 0, c[1, 1][2, 0][1] = 0, c[1, 1][3, 0][1] = 0,
 c[1, 1][1, 1][1] = 0, c[1, 1][1, 1][2] = 0, c[1, 1][1, 1][3] = 1}
```

```
{0, 1, 0, 0, 0, 0, 0, 0, 0, 0, 0, 0, 0, 0, 0, 0, 0, 1}
```

Rentrer les constantes de structure de l'automorphisme

```
T[1, 0][1] = 1;
```

```
T[1, 0][2] = 0; T[1, 0][3] = 0;
```

```
END = Flatten[Table[T[i, s][k], {s, 0, 1}, {i, 1, dim[s]}, {k, 1, dim[s]}]]
```

```
{1, 0, 0, T[2, 0][1], T[2, 0][2], T[2, 0][3],
 T[3, 0][1], T[3, 0][2], T[3, 0][3], T[1, 1][1]}
```

Vérifier les conditions des automorphismes

```
BIJECTION [i_, s_, j_, t_, p_] :=
  ( ∑_{m=1}^{dim[t]} ∑_{n=1}^{dim[s]} (T[i, s][n] * T[j, t][m] * c[n, s][m, t][p]) ) -
  ( ∑_{k=1}^{dim[Mod[s+t,2]]} (T[k, Mod[s + t, 2]][p] * c[i, s][j, t][k]) )
```

```
PolyBIJECTION := Flatten[Table[BIJECTION [i, s, j, t, p], {s, 0, 1},
    {t, 0, 1}, {i, 1, dim[s]}, {j, 1, dim[t]}, {p, 1, dim[Mod[s + t, 2]]}]]
```

```
PBijection = Union[Simplify[PolyBIJECTION ]]
```

$\{0, T[1, 1][1] T[2, 0][1], (-1 + T[2, 0][1]) T[2, 0][1],$
$T[2, 0][2] (-1 + 2 T[2, 0][1] + T[2, 0][2]), (-1 + 2 T[2, 0][1]) T[2, 0][3],$
$-T[3, 0][1], T[1, 1][1] T[3, 0][1], T[2, 0][1] T[3, 0][1],$
$T[3, 0][1]^2, -T[3, 0][2], T[3, 0][2] (2 T[3, 0][1] + T[3, 0][2]),$
$T[2, 0][1] T[3, 0][2] + T[2, 0][2] (T[3, 0][1] + T[3, 0][2]),$
$T[1, 1][1]^2 - T[3, 0][3], 2 T[3, 0][1] T[3, 0][3],$
$T[2, 0][3] T[3, 0][1] + T[2, 0][1] T[3, 0][3]\}$

```
Pb = Union[Simplify[Flatten[{PBijection}]]]
```

$\{0, T[1, 1][1] T[2, 0][1], (-1 + T[2, 0][1]) T[2, 0][1],$
$T[2, 0][2] (-1 + 2 T[2, 0][1] + T[2, 0][2]), (-1 + 2 T[2, 0][1]) T[2, 0][3],$
$-T[3, 0][1], T[1, 1][1] T[3, 0][1], T[2, 0][1] T[3, 0][1],$
$T[3, 0][1]^2, -T[3, 0][2], T[3, 0][2] (2 T[3, 0][1] + T[3, 0][2]),$
$T[2, 0][1] T[3, 0][2] + T[2, 0][2] (T[3, 0][1] + T[3, 0][2]),$
$T[1, 1][1]^2 - T[3, 0][3], 2 T[3, 0][1] T[3, 0][3],$
$T[2, 0][3] T[3, 0][1] + T[2, 0][1] T[3, 0][3]\}$

Résoudre le système algébrique avec les variables de l'antipode

```
Sol1 = Solve[Pb == 0, Variables[Pb]]
```

Solve::svars : Equations may not give solutions for all "solve" variables. ≫

$$\{\{T[2, 0][1] \to 0, T[2, 0][2] \to 0, T[2, 0][3] \to 0,$$
$$T[3, 0][1] \to 0, T[3, 0][2] \to 0, T[3, 0][3] \to T[1, 1][1]^2\},$$
$$\{T[2, 0][1] \to 0, T[2, 0][2] \to 1, T[2, 0][3] \to 0, T[3, 0][1] \to 0, T[3, 0][2] \to 0,$$
$$T[3, 0][3] \to T[1, 1][1]^2\}, \{T[1, 1][1] \to 0, T[2, 0][1] \to 1, T[2, 0][2] \to -1,$$
$$T[2, 0][3] \to 0, T[3, 0][1] \to 0, T[3, 0][2] \to 0, T[3, 0][3] \to 0\},$$
$$\{T[1, 1][1] \to 0, T[2, 0][1] \to 1, T[2, 0][2] \to 0, T[2, 0][3] \to 0,$$
$$T[3, 0][1] \to 0, T[3, 0][2] \to 0, T[3, 0][3] \to 0\}\}$$

Noter qu'on prend parmi les solutions seulement celles qui ont un déterminant non nul.

```
Length[Sol1]
```

4

Imprimer les solutions

```
For[k = 1, k ≤ Length[Sol1], k++,
  Print["Superalgebra automorphism", k, ":"];
  Print["f(e₂⁰)=", (∑ᵢ₌₁³ T[2, 0][i] //. Sol1[[k]]) e₁"⁰"];
  Print["f(e₃⁰)=", (∑ᵢ₌₁³ T[3, 0][i] //. Sol1[[k]]) e₁"⁰"];
  Print["f(e₁¹)=", (T[1, 1][1] //. Sol1[[k]]) e₁"¹"]]
```

```
Superalgebra automorphism1:
```
$f(e_2^0) = 0$

$f(e_3^0) = e_2^0 \, T[1, 1][1]^2$

$f(e_1^1) = e_1^1 \, T[1, 1][1]$

```
Superalgebra automorphism2:
```
$f(e_2^0) = e_2^0$

$f(e_3^0) = e_2^0 \, T[1, 1][1]^2$

$f(e_1^1) = e_1^1 \, T[1, 1][1]$

```
Superalgebra automorphism3:
```
$f(e_2^0) = 0$

$f(e_3^0) = 0$

$f(e_1^1) = 0$

```
Superalgebra automorphism4:
```
$f(e_2^0) = e_2^0$

$f(e_3^0) = 0$

$f(e_1^1) = 0$

Il existe une seule solution qui a un déterminant non nul, la deuxième solution.

Bibliographie

[1] Abe E., Hopf algebras, *Cambridge University Press*, 1980.

[2] Andruskiewitsch N., About finite dimensional Hopf algebras, *Contemporary mathematics,* **294**, Amer. Math. Soc, Providence, RI, (2002), 1–57.

[3] Andruskiewitsch N., Etingof P. and Gelaki S., Triangular Hopf algebras with Chevalley property, *Michigan Math. J.,* **49**, (2001), 277–298.

[4] Andruskiewitsch N. and Schneider H. J., On the classification of finite-dimensional pointed Hopf algebras, *Ann. of Math.,* **171**, (2010), 375–417.

[5] Andruskiewitsch N., Angiono I. and Yamane H., On pointed Hopf superalgebras, *Contemporary mathematics,* **544**, Amer. Math. Soc., Providence, RI, (2011), 123–140.

[6] Armour A., The Algebraic and Geometric Classification of Four Dimensional Superalgebras, *Master Thesis, Victoria University of Wellington,* 2006.

[7] Armour A., Chen H. X. and Zhang Y., Classification of Four Dimensional graded algebras, *Communications in Algebra,* **37** (10), (2009), 3697–3728.

[8] Beattie M., Dăscălescu S. and Grunenfelder L., On the number of types of finite-dimensional Hopf algebra, *Inventiones Math,* **136**, (1999), 1–7.

[9] Beattie M. and Dăscălescu S., Hopf algebras of dimension 14, *J. London Math. Soc.* (2004), 1–14.

[10] Beattie M. and Garcia G. A., Classifying Hopf algebras of a given dimension, *Contem. Math.* **585** (2013), 125–152.

[11] Cheng Y.-L. and Ng S.-H., On Hopf algebras of dimension $4p$, *J. of Algebra* **328** (2011), 399–419.

[12] Connes A. and Kreimer D., Hopf algebras, renormalisation and Noncommutative geometry, *Comm. Math. Phys.,* **199**, (1998), 203–242.

[13] Connes A. and Moscovici H., Hopf Algebras, Cyclic Cohomology and the Transverse Index Theorem, *Commun. Math. Phys.,* **198**, (1998), 199–246.

[14] Dekkar K. and Makhlouf A., Bialgebra structures of 2-associative algebras, *Arabian Journal of Sciences and Engineering,* **33**, (2008).

[15] Deguchi T., Fujii A. and Ito K., Quantum superalgebras $U_q osp(2,2)$, *Phys. Lett.,* B**238**, (1990), 242–246.

[16] Etingof P. and Gelaki S., The classification of triangular Hopf algebras over algebraically closed field of characteristic 0, *Mosc. math. J.,* **3**, (2003), 37–43.

[17] Fukuda N., Semisimple Hopf algebras of dimension 12, *Tsukuba J. Math.,* **21**, (1997), 43–54.

[18] Gaberdiel M. R., *An algebraic approach to logarithmic conformal field theory,* Int. J. Mod. Phys A 18 (2003), 4593-4638. Hep-Th/0111260.

[19] Gabriel. P, Finite Representations Type is Open, *Lecture Notes in Math.,* **488**, (1970), 132–155.

[20] Gerstenhaber M. and Schack S. D., Algebras, bialgebras, Quantum groups and algebraic deformations, *Contemporary Mathematics,* **134**, (1992).

[21] Gould M. D., Zhang R. B. and Bracken A. J., Quantum double construction for graded Hopf algebras, *Bull. Austral. Math. Soc.,* **47**, (1993), 353–375.

[22] Grossman R. and Larson R. G., Hopf-algebraic structure of families of trees, *J. of Algebra,* **126**(1), (1989), 184–210.

[23] Guichardet A., Groupes quantiques, *InterEditions / CNRS Editions,* 1995.

[24] Giaquinto A. and J. Zhang. Bialgebra actions, twists, and universal deformation formulas. *Journal of Pure and Applied Algebra,* 128 :133–151, 1998.

[25] Holtkamp R., Comparison of Hopf algebras on trees, *Arch. Math.,* **80**, (2003), 368–383.

[26] Kassel C., Quantum groups, *Graduate Text in Mathematics, Springer Verlag,* 1995.

[27] Kreimer D., On the Hopf algebra structure of perturbative quantum field theories, *Adv. Math. Phys.,* **2**, (1998), 303–334.

[28] Kulish P. P. and Reshetikhin N. Yu., Universal R-matrix of the quantum superalgebras $osp(211)$, *Lett. Math. Phys.,* **18**, (1989), 143–149.

[29] Larson R. G. and Sweedler M., An associative orthogonal bilinear form of Hopf algebras, *Amer. J. math.,* **91**, (1969), 75–93.

[30] Majid S., Crossed products by braided groups and bosonization, *J. of Algebra* **163**, (1994) 165–190.

[31] Majid S., Foundations of quantum group theory, *Cambridge University Press*, 1995.

[32] Makhlouf A., Algèbre de Hopf et renormalisation en théorie quantique des champs, *In "Théorie quantique des champs : Méthodes et Applications", Ed. T. Boudjedaa and A. Makhlouf, Travaux en Cours, Hermann Paris*, (2007), 191–242.

[33] Makhlouf A., Degeneration, rigidity and irreducible components of Hopf algebras, *Algebra Colloquium*, **12**, (2005), 241–254.

[34] Manchon D., Bogota lectures on Hopf algebras, from basics to applications to renormalization, *Comptes Rendus des Rencontres Mathématiques de Glanon 2001*, (2003).

[35] Masuoka A., Semisimple Hopf algebras of dimension 6, 8, *Israel Journal of math.*, **92**, (1995), 361–373.

[36] Mazzola G., The algebraic and geometric classification of associative algebras of dimension 5, *Manuscripta Math.*, **27**, (1979), 81–101.

[37] Milnor J. W. and Moore J. C., On the structure of Hopf algebras, *Ann. of Math.*, **81**, (1965), 211–264.

[38] Montgomery S., Classifying finite-dimensional semisimple Hopf algebra, *AMS Contemp. Math*, **229**, (1998), 265–279.

[39] Montgomery S., Hopf algebras and their actions on rings, *CBMS Lecture Notes*, **82** AMS, Providence, RI, (1993).

[40] Natale S., Hopf algebras of dimension 12, *Algeb. Represent. Theory*, **5**, (2002), 445–455.

[41] Shnider S. and Sternberg S., Quantum groups From coalgebras to Drinfeld algebras, *International Press*, (1993).

[42] Ng S.-H., Non-semisimple Hopf algebras of dimension p^2, *J. of Algebra*, **251**(1), (2002), 182–197.

[43] Sheunert M. and Zhang R. B., Integration on Lie supergroup, A Hopf algebra approach, *J. of Algebra*, Volume **292**, Issue 2 (2005) 324–342.

[44] Stefan D., Hopf algebras of low dimension, *J. of Algebra*, **211**, (1999), 343–361.

[45] Stefan D., The set of types of n-dimensional semisimple and cosemisimple is finite, *J. of Algebra*, **193**, (1997), 571–590.

[46] Williams R., Finite dimensional Hopf algebras, *Ph. D Thesis, Florida State University*, 1988.

[47] Zhu Y., Hopf algebra of prime dimensions, *Intern. Math. Res. Notices*, **1**, (1994), 53-59.

Résumé:

Dans cette thèse, nous nous sommes intéressés aux classifications des super-bialgèbres et de super-algèbres de Hopf en dimension 2, 3 et 4. Dans notre étude, on s'est basé d'une part sur les travaux de ARMOUR, CHEN et ZHANG qui ont classifié auparavant les bialgèbres de dimension 4, et d'autre part sur les travaux de DEKKAR et MAKHLOUF qui ont classifié les bialgèbres de dimension 2 et 3. En dimension 2, on a obtenu une seule super-algèbre de Hopf, aucune super-algèbres de Hopf de dimension 3 et 5 super-algèbres de Hopf de dimension 4 non-isomorphes.

Les super-algèbres de Hopf quasi-triangulaires et les super-algèbres twistées sont aussi étudiées.

Abstract:

In this thesis, we discuss properties of n-dimensional superbialgebras and provide a classification of non-trivial superbialgebras in dimension 2, 3 and 4. Moreover we derive a classification of Hopf superalgebra for these dimensions. Our study is deeply related to classification of 4-dimensional algebra du to ARMOUR, CHEN and ZHANG. Also the work of DEKKAR and MAKHLOUF for the classification of bialgebras in dimension 2 and 3. We obtain five 4-dimensional Hopf superalgebras and only one 2-dimensional Hopf superalgebra. In dimension 3, there isn't a Hopf superalgebras structures.

We studied also a quasitrianfgular and twisted superbialgebras and Hopf superalgebras.

هذا العمل مكرّس لتصنيف الجبريات المزدوجة و جبريات هوبف (Hopf) ذات الأبعاد 2 ، 3 و 4 . خلال دراستنا، إعتمدنا من جهة على أعمال كل من ARMOUR ، CHEN و ZHANG الذّين صنّفو فيما قبل الجبريات المزدوجة ذات البعد 4 و من جهة أخرى على أعمال كل من DEKKAR و MAKHLOUF اللّذان صنّفا الجبريات المزدوجة ذات البعدين 2 و 3 . تحصّلنا على جبرية وحيدة لهوبف ذات البعد 2 و على 5 جبريات هوبف ذات البعد 4 و برهننا على عدم وجود جبريات هوبف ذات البعد 3 .

درسنا أيضًا جبريات هوبف القرب مثلّثية و الجبريات الملتوية. و سلام اعلكــم.

Oui, je veux morebooks!

I want morebooks!

Buy your books fast and straightforward online - at one of the world's fastest growing online book stores! Environmentally sound due to Print-on-Demand technologies.

Buy your books online at
www.get-morebooks.com

Achetez vos livres en ligne, vite et bien, sur l'une des librairies en ligne les plus performantes au monde!
En protégeant nos ressources et notre environnement grâce à l'impression à la demande.

La librairie en ligne pour acheter plus vite
www.morebooks.fr

SIA OmniScriptum Publishing
Brivibas gatve 1 97
LV-103 9 Riga, Latvia
Telefax: +371 68620455

info@omniscriptum.com
www.omniscriptum.com

Printed by Books on Demand GmbH, Norderstedt / Germany